U0173570

Human Factors
Models for Aviation
Accident Analysis
and Prevention

航空事故
分析和预防的
人的因素模型

[英] 托马斯·格里芬（Thomas G.C. Griffin）
马克·杨（Mark S. Young）◎著
内维尔·斯坦顿（Neville A. Stanton）

倪海云 等◎译　　于航◎校译

中国工人出版社

作者简介

托马斯·格里芬（Thomas Griffin）博士是敦豪速递航空公司驻巴林王国的飞行员。他曾担任全球公务航空服务提供商伽马航空公司的机长。他从伦敦国王学院获得了生物科学学士学位，专业是行为和心理学；从英国布鲁内尔（Brunel）大学获得了人的因素领域的博士学位。除了做过飞行员外，格里芬博士还曾在公务运输和航空公司行业从事有关安全管理体系的工作，担任过飞行安全总监的职务。他的研究兴趣集中在现实世界的复杂性、航空业非线性事故因果分析及人类和他们所在环境信息的交互作用领域。

马克·杨（Mark Young）博士是英国伦敦布鲁内尔大学工程和设计学院人的因素和人机工程学领域的客座教授。他的研究兴趣包括认知工效学领域中的注意力、人的表现和人为差错等。他特别关注交通领域中的人的因素和运输安全，特别是先进的交通工具技术和自动化。他的研究范围主要侧重于驾驶员注意力、心理工作负荷与交通工具自动化，他也具有铁路安全与航空方面人的因素的分析经验。杨博士从南安普顿大学获得心理学学士学位、认知工效学博士学位，从布鲁内尔大学获得高等教育学习和教学文凭。2001年至2003年期间，他在铁路安全与标准委员会工作；2004年成为新南威尔士州大学航空系的客座研究员；2004年至2012年期间，他是布鲁内尔大学设计领域的全职工作人员，也是澳大利亚位于珀斯的科廷大学的客座研究员。

内维尔·斯坦顿（Neville Stanton）博士是特许心理学家和特许工程师，是南安普顿大学工程和环境系人机工程学主席。他拥有心理学、应用心理学、人的因素学位，曾在阿斯顿、布鲁内尔大学、康奈尔大学和麻省理工学院工作。他的研究兴趣包括在运输系统中对于人类表现的建模、预测和分析，以及人类和技术之间的接口设计等。斯坦顿教授在过去的25年中曾从事汽车和飞机驾驶舱的设计工作，致力于各种自动化的项目。他出版了25本书，发表了200多篇有关人机工程学和人的因素的论文，目前是《人类工效学》杂志的编辑（该杂志刊登的论文需要经过同行评审）。1998年，他的论文《工程心理学和系统安全》被授予电气工程师分会特优奖。人机工程学和人的因素协会于2001年授予他The Otto Edholm奖牌；2008年，他获得了皇家工程院院长奖章；2012年，他因为对基础和应用人机工程学的研究贡献而获得巴特利特奖①。2006年，基于他对于飞行驾驶舱中设计所诱导发生差错的研究，英国皇家航空学会曾授予他霍奇森奖，并给他颁发了铜质奖牌。

① 巴特利特（1886—1969），英国心理学家，1944年创建了属于英国医学研究院的应用心理学研究室。

译者序

　　事故（或各类不安全事件）调查可谓需要经历千辛万苦，但还不一定能够得出最终结果。众所周知，MH370 航班历经"波澜壮阔"的寻机之旅，依然尚无结果。不知最终的调查结果何时才能公布于众。而且正式的事故调查报告和随后的独立研究之间存在很大的差异，从中也凸显了事故调查的难点以及事故调查过程中官方调查小组、飞机制造商、承运人、机载设备供应商和各类利益相关者之间的各种所谓的"利益关系"。

　　现在安全管理体系 SMS 理念应该已经在航空行业建立起来了，其中有关于航空事故（或各类不安全事件）的发生原因，大家越来越倾向于认为系统因素往往是飞机事故基本性或根本原因。比如在国际民航组织《安全管理手册》开宗明义阐述：在组织因素时代，人们开始从系统的角度来认识安全，当然，组织因素包含人的因素和技术因素。因此，"组织系统性事故"的概念被引入，并开始关注到组织文化和组织政策对安全风险控制措施有效性的影响。

　　为了改善安全，组织应当注重他们的努力来改进系统，而不是个人；监管机构应审查过程和绩效，而不只是法规遵从性；有效的组织安全文化是确保这些努力成功的关键。我们已经知道这些基础理论了。问题在于：这给航空事故（不安全事件）调查员带来了一些挑战，我们如何决定；何时调查这些系统因素，我们如何记录和分析这些因素所发挥的作用？我们使用什么标准的证据来证明系统因素的存在和影响？我们如何提出一个令人信服的证据让管理层心服口服？

在调查系统因素领域分析方面目前可能存在以下一些挑战和困难。

➤ **调查模型**：现在全球所使用的调查模型基本上是以线性链为主（比如瑞士奶酪模型）。这也是这本书想要提出改进的方面：这本书所提供的信息网络（加上贝叶斯数学方法的预测性）研究方法是理解、分析、设计和评价目前航空领域中人——系统集成复杂性的有效模型之一。本书的作者们对不安全事件因果关系分析的一系列方法进行了全面和系统的分析，提出和证明能从已发生的事件中获取信息的重要新方法，从而可以识别和采取有意义的干预措施，以及建设防御层。此外，他们对于不安全事件分析后有关于有效性的问题，以及如何使用因果关系模型进行实证检验，来理解商业运输和通用航空事故的复杂性、系统性和非线性原因。

➤ **范围**：调查范围差别很大，鉴于证实组织系统因素问题的数据收集和分析难度大，调查这些因素会影响调查工作所需资源的投入。

➤ **完整性**：在调查过程中识别发现系统因素问题可能会太晚，这样收集数据也会相应推迟从而影响分析的过程。但是如果我们采用正确的分析方法，数据可以提供详细信息，来进一步阐述某一因素是否是一个致因因素。但归根结底，任何调查的关键是收集尽可能多的数据，进行尽可能多的分析，并尽可能不要错过与系统相关的任何重要因素。原因找到了，才能提出正确的解决方案。

➤ **有时因果关系链接非常弱或缺失**：信息因素和安全影响之间的联系如何得到清楚地证明？在分析中，我们需要在逻辑关系上严丝合缝，正如我国语言大家王力在《龙虫并雕斋文集·逻辑和语言》陈述：逻辑是关于思维的形式和规律的科学。本书的最大特点就是采用了信息网络理论按照逻辑思维来进行不安全事件的详细而深入的分析。

➤ **如何消除事后诸葛亮的偏差**：系统因素调查往往围绕着组织对给定危险的反应，可以理解的是——与此危险源相关的风险会有过高的估计，容易高估决策者"应该"知道将要发生什么。因此，本书的另一个特点就是集成了贝叶斯数学与信息网络方法，使用一种新方法来调查信息网络和计算潜在的差错转移情况，换言之，就是采用数学方法来建立起管理层的预见性。

毫无疑问，进行系统因素调查增加了调查的范围和复杂程度，但是这又是航空事故调查过程中必不可少的一步。在这一领域的调查将产生更佳的运行状态，因为这些调查的结果往往会从组织系统来解决系统性的安全行动问题，从而从根本上解决人的行为表现，造就一个具有更好安全文化的组织。安全管理体系执行得当与否，如何能够让航空企业识别危险源、管理风险，建立并遵循有效的安全程序，这些都是需要从系统层面认真仔细考虑的问题。

按照译者的观点，本书能够为读者提供以下三个方面的益处：一是原书开发和测试一种完全有别于目前支配调查和减少航空风险的线性模型的新方法，不再纠结于线性的调查模型，通过信息网络方法我们完整理解航空领域的复杂性、系统性和非线性原因；二是在理解不安全事件（以及同样重要的是理解工作中所发生的正常事件）发生的机制，而不是错误地强调事件结果本身，通过关注那些在不安全事件内正常出现的元素，希望可以减少以往人的因素的局限性，而最终将其从风险缓解方程式中去除；三是通过仔细研究英国航空公司的做法，了解贝叶斯数学方法的定量分析手段和信息网络的定性研究方面是如何协同发挥作用的，以研究防御层（堡垒层）应该如何设置并且如何具有预见性，避免如今我们在安全管理中常见的"拍脑袋"就做出决策的情况。

特别值得关注的是英国航空公司的安全管理实践，也可以把这运用到我们自身的安全管理中。尤其在顶层设计方面，统筹考虑安全管理项目各层次和各要素，追根溯源，统揽全局，在最高层次上寻求问题的解决之道。其中关键适用于安全管理和调查的内涵包括：一是顶层决定性，顶层设计是自高端向低端展开的设计方法，核心理念与目标都源自顶层，因此顶层决定底层，高端决定低端；二是整体关联性，顶层设计强调设计对象内部要素之间围绕核心理念和顶层目标所形成的关联、匹配与有机衔接。因此在不安全事件调查中，我们强调的组织系统性事故就是这种理念的很好体现和运用。

从五严要求、四不放过、持续安全、三基建设、安全管理体系推进等，航空安全管理的主角是政府和企业，在航空安全领域，他们义不容辞。近10年的光阴中，我们对于SMS一直都在努力中，从不懈怠。这也就是译者翻译这本书籍的初衷，希望他山之石可以攻玉，希望我们可以从中参考借鉴其他发达国家的实践做法。有时候，站在巨人的肩上才能看得更远。在我们安全管理体系建设这样的主流叙事背后，我们需要站在民航第二大国的平台上和视野中，纵观全球。如此背景下，延伸着一条主线——安全管理体系是全球航空业的标准，但是重要的是，我们从没有放弃在求索中前行，在参考他人的经验教训的前提下，我们要为安全管理赋予新的意味，提供新的实践，让全球看得到中国安全管理发展的新方位新希望新标准，这也是2019年初全国安全工作会上的要求。

本书的分工如下：第一、二、六、七、八章由倪海云翻译；第三章由刘玉梅翻译；第四章由颜虹翻译；第五章由严琴翻译；全书由于航校译。对于其中的谬误和不足，恳请谅解，并不吝赐教。

人类世界以加速度向前发展，这一百年所取得的成就比一千年前所有的总和还要巨大。如今，我们正在面临着巨大的变革和转型，唯有需要的是变得敏锐、蜕变、与时俱进。在众声鼎沸、变幻莫测的一个新时代，我们已经走了一段很长的路，但还有更长的路在脚下。这是一条不断前进的道路，这是一条越走越宽的道路，让我们步履轻盈且坚定！

CONTENTS

目　录

第一章　引　言

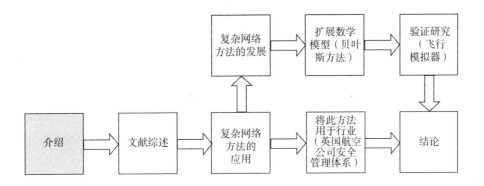

人的因素领域

人的因素在工程和设计领域内被广泛地研究。在这两个领域中，研究的基本前提是为了提高人的表现行为，尤其是在过去的二十年里，本专业的研究集中于如何在日益复杂的社会技术系统中提升人的表现行为。

由于"表现行为"这一术语囊括了太多的含义，因此需要对此进行解释和澄清。如果在一个系统中只是为了提高表现行为，这并没有告诉我们太多的含义；相反，如果通过增加两个主要因素——安全和生产力，就会提高表现行为。这两个因素被越来越多的人视为是相互排斥的；其实，瑞森（1997）多次思考过这些问题，在生产力和系统保护（图1.1）之间的纷争问题上，他更倾向于支持生产力，因为这些系统所存在的领域本身就具有天生的商业性质，例如在航空业、铁路、核工业、化学、石油和天然气行业等。这并不奇怪，瑞森在他所撰写的书中有关于人性方面的讨论，意味着生产力的提高对于个人和集体思想有着非常积极的效果，但与此相反的是，缺乏负面不利的结果才说明保护是成功的（瑞森，1997：4）。对所有各级管理层而言，成功的保护则是更具有雄心的目标。然而，针对系统本身而言，成功的保护和负面不利的结果两者之间并不是相互排斥的，相反，它们是一体的和相同的。随着其中一个的增加，另一个将默认会减少——但这并不能担保不发生负面不利的结果。相反，瑞森注意到负面不利结果的"缺乏"是减少的。

图 1.1　一个系统内行为表现特征之间的纷争

鉴于这种情况，当我们关注事故的因果关系和调查的过程时，人的因素就具有了非常重要的作用。随着时间的推移，技术变得更可靠，系统中人的作用已经开始成为一个复杂系统中的薄弱环节，即人可以发挥安全和生产力之间的关键枢纽的作用。这个论断最佳的证明就是百年前成立并迅速发展的航空业。许多年来，航空业事故率的下降是由于技术和工业能力方面的大幅提升，飞机结构完整性和可靠性的改进，尤其是飞机推进系统、航电和安全领域的发展。然而，在过去的二十年里，商业航空运输的严重事故[1]一直保持相对稳定，每 100 万始发航班大约发生 1 次（波音，2000），尽管可靠性和其他因素在不断改进，但是这个数据似乎没有发生变化，要想减少这些数字，仍然需要人的进一步干预。就如同在国际民航组织附件 13《事故和事故征候预防》中所述的，人的因素已经演变成为在航空事故调查中能够发挥主要作用和唯一目的的领域。[2]

图 1.2 的"事故金字塔"模型首先是由美国工业安全先驱赫伯特·威廉·海因里希（1931）提出的，并说明了事件等级程度可比的频率。从这些

---

① 国际民航组织定义严重事故是至少出现一起严重受伤/死亡事例，飞机严重损毁或完全毁坏，以及起火（飞机坠毁前或后）。

② "事故征候"包括有惊无险的事件，以及非致命/较小损坏的事件。

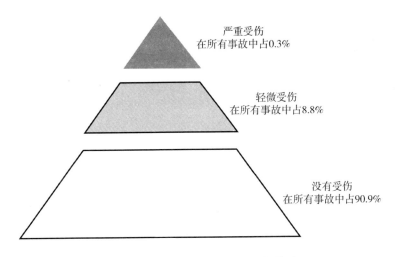

图1.2 海因里希的"事故金字塔"模型

有关人的因素研究的文献中可以看出，致命事故就是一座冰山的顶端，所以我们研究的重点一直放在试图控制三角形中基数较大的底部事件，从而降低发生在冰山顶端的死亡事件次数。底层"无受伤"事件覆盖了最大的数量群体，这些事件也就是所谓的"有惊无险（near miss）"的事件，最近已成为安全领域中更大和更重要的部分。值得庆幸的是，发生在冰山顶端致命事故的次数，随着时间的推移已经减少了。

这种人的因素的演变主要取决于以下这个词——"人为差错"，即系统中操作者所犯的差错，从而"导致了"事故或事故征候。瑞森（1997）很好地定义了这个术语，"人为差错是指，在没有对一些不可预见的事件进行干预的情况下，未能执行计划中所采取的行动，从而没有达到预期的目的"。但是，该定义限制了以下研究领域：这些事件可以直接受人类影响，或那些最接近于事件的人尽可能采取补救行动，而且可以是立即有效的。本项目正是基于这一领域展开的。

本书旨在解决我们要如何进一步理解和探讨航空事故和安全复杂世界的方式。更具体地来说，本书探讨的是，如何用信息网络研究方法来降低航空事故风险。

本书的目标和目的

如上文所强调，并且将在后续章节中进一步进行讨论的，航空事故的复杂性如今向我们提出了重大挑战，无论是在学术界还是在行业领域内。传统的模型显示的都过于线性化的结果，从而造成了我们对于现实世界的任何描述都将是非自然的、受局限的。我们在理解事故（通常情况下，工作中的事件）发生的机制时，需要做一个转变，而不是错误地强调事件结果本身。

本书的目的是使用信息网络来进一步理解复杂系统事故，尤其是在航空领域内发生的事故。透过整体侧重于系统，关注在正常事故征候和事故内出现的元素，我们希望可以减少以往人的因素的局限性，最终将航空风险降至最低。

本书的目的有三个。

一是，我们将开发和测试一种新方法，这种新方法将完全有别于目前支配调查和减少航空风险的线性模型。在调查中所用的模型只有反映了现实世界中非线性的复杂度，才能完整和真正地理解复杂的航空领域。

二是，本书也关注通用航空领域，并将模型应用于该领域，以及更大规模地研究和讨论商业航空的运输世界。有时候，不同航空运输类型下的各种问题需要新的方法来进行解决。

三是，本书将解决事故和事故征候之间是否存在根本区别的问题。由于航空事故次数的减少，数据往往不足以形成系统性的理解。基于这个原因，更适当的做法似乎是转向更为常见的事故征候事件。然而，重要的是，任何一种方法都是能够应付每种类型的事件的，它并不排除事故征候事件或是简单化其与现实航空事故之间的关系。

因此，我们应寻求一种可以解决所有问题的理想方法。复杂的网络模型是本书的核心，我们将通过对网络模型许多方面的研究，以确定其在航空事故调查领域内的真实价值。

本书的架构

本书的架构可以为不熟悉这一特定主题领域的读者畅读本书提供便利。我们尝试保持简洁的写作风格，以帮助大家理解所述内容。后面的章节旨在帮助那些对具体研究领域感兴趣的读者进行独立阅读。为了方便读者阅读，我们在本书每个章节的开头以及其他需要的地方，都安排了导读路径。图 1.3 就是本书的概要和路径，它有助于读者了解每个章节的中心主题。

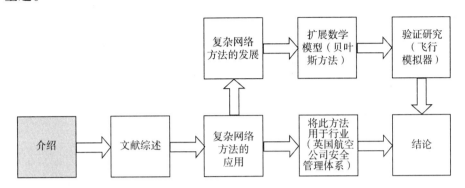

图 1.3 本书的路径图

第二章是文献综述，其讨论的主题也会贯穿到其他章节中。尤其是，本书的核心点是抛弃以往航空事件分析的线性模式，这一内容主要在第三章到第八章。第三章、第四章是将信息网络作为一个合适的工具应用于航空行业的相关研究，并且集成了复杂的数学方法以提供定性和定量分析。第五章、第六章基于前面的各章内容，使用贝叶斯数学方法研究信息网络，并且对其进行了检验，特别是对通用航空领域进行了检验，这主要是为了更全面地了解航空业，而不是仅仅集中在商业航空的运作领域。第七章主要论述了行业方面的具体实践，通过一家传统型航空公司的做法，基于网络模型开发了一种全新的风险评级方法。最后，第八章涉及一些枝节问题，着眼于未来可能的进一步工作，并且总结本书的中心思想。

对于读者来说，下面的内容提供了每章更多的细节。

第二章 构建一个模型化的动态世界

本章设定了一场事故征候场景的细节，来解释到目前为止事故调查模式的发展过程，并且对这些模型和思维方式有关的一些关键问题进行了解释，并作为本书所阐述目的的基础。

第三章 复杂情境下的复杂方法

为了说明信息网络方法的有用性，本章使用该方法研究了两个两极分化的飞机事故案例。我们挑选这些案例研究是为了说明两种非常不同的情况会导致非常不同的事件。我们想要表明：这种方法是如何适用于许多可能伪装成为不是航空事故但实际上正是这些导致了真正的航空事故。在本章和接下来的章节，每个分析不可能完完全全地涵盖所有的内容，但在整本书中涉及这种新颖模型的各种不同方面。

第四章 研究的发展

在这一章，我们探讨了发展信息网络成为一种更全面和更有用的方法。本章旨在阐述定量分析手段和信息网络的定性研究方面是如何协同发挥作用的，这里引入了贝叶斯数学方法，使其作为信息网络方法一个潜在的"强大盟友"，这也是后面两个章节的基础。

第五章 拓展信息网络的潜力：贝叶斯方法

这一章介绍了贝叶斯数学方法与信息网络方法的集成。我们编写了一个程序，以便使用一种新方法来调查网络和计算潜在的差错转移。这一章的核心是阐述本书开发一种新研究模型的目的，即该模型不仅适用于商业航空运输（这往往是安全管理的重点），也可以应用于通用航空领域。为此，通用航空事故的数据可以用于信息网络研究，而且还可以研发其潜在的用途。

第六章 是否可以通过模拟来验证源自事故征候数据的网络：一项试点研究

基于第五章富有成效的研究成果，我们使用飞行模拟机研究、验证贝叶斯信息网络方法的可能用途和有效性。本章重点集中在规划和执行飞行模拟机研究以及由此产生的数据统计分析上。这些数据允许对有关差错转移的预测和检验，并对结果进行讨论。尽管研究的规模受到了限制，但是，我们的重点在于对此方法的验证。

第七章 事故征候与事故：一项行业研究

本书的核心宗旨是讨论开发的模型方法对于行业的整体适用性。在某一复杂且耗时的研究方法的领域，要采用一种新的研究方法，其适用性的关键是，该方法能够给行业带来的好处和可实施性。本章就是要解决这些问题，同时报告了与一家传统型航空公司两年合作的成果。信息网络方法对于事故征候和事故的适用性，能够让我们制订长期的计划，将该方法纳入航空公司的安全管理体系之中。此外，我们还讨论了行业研究工作的不足之处，以及概述了航空公司过去、现在和未来的风险管理方法。基于商业航空事故征候数据，我们对于一种临时方法进行了测试，突出了这种方法的针对性和实用性。目前，该方法已成为安全管理体系中一项新的安全管理体系工作实践的核心。

第八章　结论

本章通过对研究目的和目标的讨论，对本书进行了总结。此外，还确定了需要进一步研究的领域。

第二章　构建一个模型化的动态世界

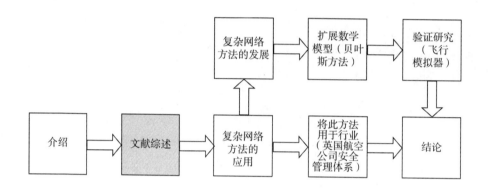

事故因果关系模型

如第一章概述，这个项目集中关注事故的因果关系模型，特别是它们应用在航空行业中的人的因素领域。要充分理解事故致因模型当前的情况和发展趋势，重要的是要知晓该研究领域的历史和发展脉络，并关注未来发展的可能性。本章旨在全面分析这类模型的历史和发展脉络，从中找到此项目发展的机遇，并验证其成效。

下一节始于对一起航空事故征候案例的研究。为了进行有根有据的讨论，这个案例在本章中作为要点贯穿于全章的内容。我们认为适当的做法是通过研究一起当代事故案例来关注事故调查模型的历史演变。

发生在曼谷的冲出跑道事件（QF1）

在 1999 年 9 月 23 日，当地时间大约 22：47，澳航一架波音 B747 - 438 飞机，注册号为 VH - OJH（呼号澳航一，从悉尼到伦敦的途中）在泰国曼谷（廊曼）国际机场 21 号左（21L）跑道着陆时冲出跑道。飞机平飘长，因大雨后跑道湿滑，飞机出现了滑水现象。

该飞机上的副驾驶是操作飞行的飞行员。机组在 21 号左跑道进近过程中的不同阶段选择使用了公司"正常"的进近构型配置；并且，机组得到了空中交通管制通报：虽然机场有雷暴和大雨，但能见度是 2.5 英里/4 千米（或更大）。

在当地时间 22：44，塔台管制员通知机组，跑道是湿的，前面的一架飞机（大约在当地时间 22：40 降落）报告说刹车制动效果是"好"的。当飞机下降通过 200 英尺/60 米的时候，它开始偏离高出 3.15°的下滑道，以 169 节的速度在 76 英尺/23 米的高度通过跑道入口。这些参数都在公司的限制范围内，但是飞机的高度高了，速度快了。当飞机在跑道上离地面大约 10 英尺/3 米的时候，机长指令副驾驶复飞。副驾驶前推发动机推力手柄，此时飞机主轮接地，机长立即取消了复飞，采取将推力手柄拉到慢车，但是没有口头告知副驾驶他的行动。这导致飞行机组之间出现了混乱，着陆滑跑过程中机组没有使用反推，或根本就没有注意到拉反推。这架飞机在停止道端头后 720 英尺/220 米的地方停了下来，机首停在机场外围道路上。飞机在冲出跑道后受到了巨大的损伤。3 名飞行机组人员、16 名乘务员和 391 名乘客没有报告出现任何严重受伤的情况（澳大利亚运输安全局，2001）。

单一感知理论

19 世纪 90 年代

现代事故和因果关系研究的诞生，大多数情况下要归功于波特凯维茨（1898）所从事的工作。他从有限的研究得出了结论：事故的发生是随机的，因此是无法解释的。幸运的是，这种观点并没有抑制随后进一步的事故研究，反而为多年的调查、猜想和争论打开了大门。

20 世纪前 20 年

有关事故的大多数工作和调查首先认为，这是一个单一事件，单一事故或事故征候被视为孤立的事件，其必然有一个孤立的原因。航空事故调查机构的工作就是找出这个原因，通过消除此原因，从而防止事故的重复发生。这种"单一事件"理念的元素仍然存在，误用此概念的情况仍然发生在航空或其他复杂的系统中。然而，我们很快就意识到，这些环境在人—人、人—系统、系统—系统的组件之间存在着复杂得多的相互交互。这种观点也让责备（指责）文化蓬勃发展，这是因为有一方被当作是责任人，需要对此负责任——是"事件"的一个"原因"。事故必须有某人或某物出现过失，需要被责备，所以，发生了什么事并不是纯粹的无法解释的"天灾"。这未免过分简单化的观点和工作提出了事故倾向性的分析模型，例如，来自工业疲劳研究委员会（IFRB）的格林伍德和伍兹（1919）就这样认为，他们完全侧重于个人（而不是系统），并且此观点主宰了20世纪前半世纪的有关研究和减少事故的努力领域。

工业疲劳研究委员会的进一步工作，以及有关反应、协作和注意力分散等要素的临床研究，得出了以下结论——存在事故倾向性的要素。研究认为，事故的发生与紧张的不稳定性和糟糕的审美与运动协调有关（法默和钱伯斯，1926 和 1929）。当时社会上之所以不加辨别地接受这种事故倾向性模型，几乎完全归因于上述工业疲劳研究委员会的这项工作。虽然我们可以看到其他理论，如多米诺骨牌理论已经得以发展，它就暴露了当时理论上的不足和缺陷，但这一观点还是持续了很多年。实际上，经过这一次之后，相关研究继续进行，检验着概念，并围绕着个人领域的事故倾向性广泛的理论基础开展工作。例如，在1988年的研究中，莫尔和克莱默发现，没有实质证据证明事故因果关系分析中的倾向性是可衡量的或有用的，并且得出了以下结论：通过筛选出有过多受伤倾向性的工人就可以有效地降低在工作场所中的整体受伤率，是不可能的（莫尔和克莱默，1988：127）。这项研究证明了这种事故调查模型的缺陷和不足，并说明了将此应用到澳航事故的案例研究（QF1）所存在的缺陷。如果事故倾向性是存在的，那么 QF1 事件在发生之前和之后，该飞行员也应该会涉及其他事故征候。鉴于现在的证据，我们不能证实这些想法。这种观点也表明了这些人可以被挑选出来，因此，可以通过在人员招聘或在培训阶段或是任何事故征候发生后，通过移除具有事故倾向性的个人，从而就可以预防所有事故的发生。现在几乎公认，这是一种有缺陷的理论。德克尔（2006）将这种"坏苹果理论"描述为一种"过时的观点"，认为安全进展主要是从技术进步而来，而不是应用了这些理论的结果。因此，我们需要进一步提出新的理论模型来解释事故因果关系。

对于单一感知理论简单解释的主要问题是：除了意识到会出现更复杂的交互，还有它假定事件中存在着先天的可复制性。如果"原因"可以被移除，那么事故就不会再次发生。假设这适用于 QF1 航班，并且是在 20 世纪 20 年代进行事件调查，那么飞行员可能就会被解雇，事件不应再发生。如果此理论成立，那么这不会解决任何真正的问题，并且对于人员士气和报告行为具有毁灭性的影响。现在固有的事实是，至少事故都被认为如此复杂，有许多不同的"原因"可能导致不安全事件的发生。它往往是很难对类似的事故类型确定某个特定原因或产生有效的保护层。单个事件感知非常适合于调查人的因素理论影响之前的事故类型，因为一架飞机结论性的"部分"往往会被发现和责任归因于系统的结构方面。然而，我们必须开发和采用系统整体的观点。

多米诺骨牌模型及其发展：事故倾向性理论消亡了吗?

20世纪30年代和40年代

赫伯特·威廉·海因里希在其《工业事故预防》（1931）一书中第一次详述了工业事故的多米诺骨牌理论。在有关人的因素研究的文献中，第一次出现了将事故归因于事件的顺序链，而不是一个单一的因果因素（通常是一位雇员）的观点。为了说明此理论，海因里希使用了一系列多米诺骨牌倒下最终导致最后事件发生的思想。

海因里希认为，每个多米诺骨牌都是可能导致事故发生的原因，这些多米诺骨牌就是事故致因模型的根本理念。我们可以这样说，这形成了现代事故因果关系模型的基础。

首先，海因里希的第一个多米诺骨牌是"社会环境与遗传"。这里提到了个性特征，致因因素被认为是遗传的，或员工所沉浸的社会环境影响了这位员工卷入事故发生的可能性。这一点，尤其呼应了事故倾向性理论的元素，即无论外部因素是什么，一个人的内部个性特征会成为事故发生的因素。这在某种程度上来说，显示了事故倾向性理论的进一步发展，而不是对此理论完全偏离，但是，多米诺骨牌理论中其他骨牌讨论了当时所研究的因素。

其次，理论的基础和事件链有关——"人的失误"。这是指一个员工的生活（作为外来的影响）对事件所产生的影响，例如家庭问题、疲劳等。这里包括了社会环境和员工操作系统领域中所出现的缺陷。外部对个人的影响和事故因果关系中的内部倾向性都非常重要，上述观点就是将二者进行了明显的融合。今天，这仍然是事故和事故征候调查中的一个重要领域。这些"软问题"往往很容易从那些涉及事故征候或事故的人那里获得。可以说，通过家庭生活和社会生活这类"软问题"来研究人的因素，只是让行业选择在一个方框中打钩，而没有真正理解系统与人类在所有各层次进行交互更为复杂的方面。如果 QF1 航班事件发生在 20 世纪 30 年代，至少会为飞行机组人员进行某种形式的辩护。对于事故调查来说，第一次开始考虑外界的影响，而且从这开始可能又会更改法规、培训和标准等。

海因里希后来发现了第二块多米诺骨牌，来涵盖作为这些个人因素所造成结果的"错误"一词。第三块多米诺骨牌说明了海因里希事故/事故征候的直接原因。这块多米诺骨牌被称为"不安全行为"或"不安全条件"，这个多米诺骨牌存在的真正理念是为了打翻第四个多米诺骨牌——事故，这种想法表明，海因里希认为事故发生是因为这些多米诺骨牌中的一个或两个共同作用造成的。这种模型第一次真正提出了行为的重要性，行为会影响安全和事故的因果关系。海因里希感到，第三块多米诺骨牌是最重要的，而且为了避免事故的发生，是最容易从模型中去除的。这块多米诺骨牌的存在意味着，在调查 QF1 事件的过程中，第一次有必要更深入地挖掘飞行机组人员的行为和行动的理由，这是真正整合机组行为的必要步骤。

最后一块也就是第五块多米诺骨牌，被称为"伤害/财产损失"和后来包括的"有惊无险"事件。这个想法是，如果删除了前四块多米诺骨牌中的某一个，那么，第五个"事件"就会得以避免。最终，对于系统事故因果关系这个复杂的问题，就只有一个关口了。

这是研究因果关系保持正确发展方向的一个重大进展，可以为澳航这个不安全事件提供更全面的建模分析。但是，任何分析都仍受限于线性因果链的问题。如果一个多米诺骨牌是不存在的，那么从理论上来讲，事件将不会发生。然而，值得商榷的是，比如是否存在有任何重大的外来影响（如个人生活）会影响到机组成员。以第一个多米诺骨牌为例，遗传因素是有点令人怀疑的，社会环境因素对于副驾驶和机长是一样的，而且有可能表明是机长犯了第一个错误。这个模型中存在的主要问题，特别是近年来（例如，参见杨等，2004）不断公之于众的是，它可能导致追寻答案来拟合匹配模型，这样就不会打破链性关系了。虽然这似乎回答了涉及 QF1 事件的一些复杂问题，但是，该模型过于依赖线性链和个人的想法，例如，这很少或没有考虑到训练和管理等事宜。可以说，假设采用多米诺骨牌理论来调查 QF1 事件，责任将再次落在飞行机组身上，因为这是最能被"解决"的行动。

　　如果我们针对第三块多米诺骨牌，毫无疑问，这是人的因素中最重要的问题，那么，它可以依据海因里希的术语被分解为以下不安全条件（或是造成不安全行为的原因）：身体上的不合适性；缺乏知识或技能、态度差；不安全的工作环境造成了这些不安全的条件。直至今天，这一解释依然有效，因为这些因素（只是对它这个开创性的骨架结构加入了新的流行语）可以视为复杂不安全事件的前兆。海因里希在这块多米诺骨牌中区分了潜在的和直接的条件。虽然他认为，前两个多米诺骨牌相结合产生了第三块，但温克利（1994）更清楚地指出，第三块多米诺骨牌里这些不安全的条件实际上是前两块多米诺骨牌"根本原因的表现"，因此，从本身来讲，将不安全因素用现代化的观点去看待是一个结果，而不是一个原因。

　　虽然海因里希公开发表了多米诺骨牌理论，但在20世纪30年代，安全领域仍然集中关注于单一感知理论。然而，对事故倾向性理论的安全领域研究越来越糟糕。约翰逊（1946）对200多份有关事故倾向性理论的文献研究进行了批评：无效、不充分、不适当的统计方法和结论。事实上，工业疲劳研究委员会和其他人捍卫该理论是基于统计学上的论据，即事故发生率的模式是否有效适合于泊松分布及其他分布规律。这项工作的主要缺陷是它的假设，它假设暴露于风险的因素是同质的。个体面临危险的差异，以及对个体产生的各种影响，例如多米诺骨牌理论中提到的那些家庭问题、抑郁等，都会使得这项工作走向极端。这种暴露于风险的因素的同质化理论无法解释：QF1航班事件发生前只有几分钟的时间，如何想方设法安全降落或复飞。安德斯坦（1952）也被事故倾向性及其运用于危险工作的想法所吸引。他研究了南非铁路1452起由扳道员引发的事故，得出了以下结论：机会偶然因素要比倾向性理论更能解释所发生的各类事故情况。他进一步研究认为，在过去5年的时间内，个人和事故重复或事故率之间没有显著的相关性。他没有试图形成任何新的理论来解释这种模式，只是寻求将事故倾向性理论应用到真正实证的环境之中。

20世纪50年代和60年代

　　基于克雷斯维尔和弗洛加特（1963）以及其他人的工作，人们提出了一个新的观点。他们研究了巴士司机引发事故的因果关系，创造了"事故责任"（Accident Liability）一词，作为对单一感知理论的补充。这一观点反映了个人的倾向性——更容易承担风险，而不是直接倾向于事故的引发，因而促成了新的研究关注重点和行为适应领域。

为了反映这些理论知识和理念的发展，那期间许多人进一步发展了单一感知理论，即认为在人的因素中，个人完全负责（而不是某种物体的失效）。尤其是克拉克·克尔，他基于单一感知理论的前提，反映了当时的研究，把以往刚性的事故倾向性理论，发展成了他的目标——自由理论（克尔，1950）。这一理论背后的基本概念是，导致事故的不安全行为是由于在工作场所中出现了不值得做的心理氛围，导致缺乏精神警觉性。这仍然集中于事故的单一原因，但已经开始考虑到外部因素或内部问题可能会影响到个人，所以不再是以往一些先天的倾向性。这些理论的发展开始真正涉及曼谷冲出跑道事故调查的核心了。当处理此类事件时，仍然非常缺乏理论支持，尽管这最终仍是单一感知理论导向的，但它依然很容易过分简化不安全事件。本案例研究是一个最好的例子，在看似相对简单的事件表面，实际上非常不容易据此分类。但如果打破了事件表面的障碍，正如事故报告所告诉我们的，可以重新得到更多（和更有意义）的信息。

1957年，在调整应力理论的帮助下，克尔发展了目标——自由理论的思想。在此，他反思了导致事故因果关系的消极工作环境，并且强调各种应力作为操纵环境的一个因素，阻止了个人完全专注于工作。这种应力覆盖了众多的领域，包括个人状况、时间压力、在工作中人际关系欠佳以及工作场所的各种危害等。

当这项研究工作正在进行中时，20世纪60年代、70年代和80年代的技术进步使事故率明显地降低了，所以可以说在此期间减弱了有关针对人的因素的力量。事实上，钟摆稍微从人们直接参与不安全事件一方偏离了，摇摆到了技术是事故发生的"必然"一方。鉴于未来事故的不可避免性，哈登（1961）要求设计带有自动防故障装置的交通工具。这一概念近年来再次成为研究的前沿，并且是在"复原力工程"的新标签下（例如，参见霍尔纳格、伍兹和莱韦森，2006）。到目前为止，尽管关于人的因素的研究略有减少，但是，从更大的视角来看，仍有大量显著的研究进展。

多米诺骨牌思想的发展

20世纪70年代

20世纪70年代，多米诺骨牌理论已经得到了广泛的认可，许多人的研究工作也建立在这个理论基础上，例如韦弗（1971），他更加重视管理层所存在的糟糕的监管不力的问题，并强调，查明不安全行为和不安全事件发生时周围的事态发展，仍具有重要意义。伯德和洛夫特斯（1976）在其损失因果关系模型中，反映了事故征候和事故二者间的直接管理关系，并在管理失控的基础上，为原始的多米诺骨牌加入了额外的一块骨牌（图2.1）。不过，仅通过增加一块新的多米诺骨牌，我们可以假设（因为在这种模型中没有不可控的因素），如果管理层能够足够控制系统，那么，所有事故征候都是可以避免的。这几乎可以笼统地断言，管理层应该受到"责备"，这不能为QF1案例找到合理的解释理由。贝蒂（1995）一再赞扬澳航的管理层，把它作为全世界航空公司在很多方面可以学习的榜样。

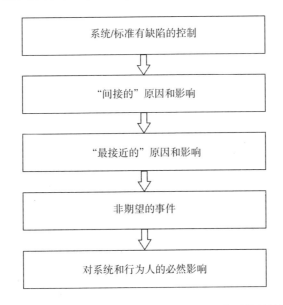

图2.1　伯德和洛夫特斯（1976）损失因果关系模型的解释

亚当斯（1976）进一步发展了此理论，他发现了事故链上面管理层策略间的相互作用，并且使用了"组织差错"这一术语（今天仍然在大量使用该词）来包括事故链的前三个多米诺骨牌。他在努力创新推进新模型，但是在调查事故因果关系上并没有取得很大的飞跃，因为他仍然受限在框架或模型如何被运用于动态的世界中。

首先和最初具有影响力的做法是约翰逊的"管理监督与风险树理论"（1975），他试图将此理论应用于"真正的"世界中。约翰逊发现了系统或情境中的个人、组织与物理（环境）方面之间的相互作用（图2.2）；此外，约翰逊试图表明，一些事故路径可能随着时间的推移而发展了，他的这一努力导致这成为人的因素高度研究的领域，尤其是出现了诸如瑞森提出的通用差错建模系统或者"瑞士奶酪"模型框架等。

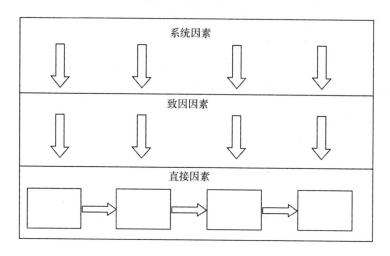

图2.2 约翰逊三层事故模型的图形说明（改编自莱韦森，2002）

因此，管理监督与风险树理论涵盖了不仅仅是个人方面的人的因素，而且还有事故分析领域中的系统。管理监督与风险树理论分析的第一阶段涉及"标准化"调查设备或个人的"失效"，这些失效促成了事件的发生，而且对于调查中的个人和团队也施加了一些影响，在一定程度上涵盖了事故后的各种事件，包括应急服务的响应和可用性等。第二阶段，管理监督与风险树理论通过查看管理系统因素开始寻求事故致因关系中更详细的内容（约翰逊，1975）。在这方面，我们要考虑在事故发生时的一般情况，以及管理层内的失效情况，甚至要对其他组织进行调查。即使对于实际事故没有明显的直接联系，也要调查管理系统因素。管理监督与风险树理论假定，管理层在事故发生这个问题上应具有一定的责任，有建议说，他们应该通过指令和条件创建一个不会允许出现这种情况的组织。管理监督与风险树理论关注管理层层级的行动，在事件发生的当时，或是事件发生之前及之后可以防止该事件。这些都浓缩成标准化的管理监督与风险树理论故障树，来说明调查中事件的发展和因果关系事宜。

从这个管理监督与风险树理论应用的摘要简介来看，到目前为止很清楚，管理监督与风险树理论是高度关注管理层的，几乎完全持有指责的意味，只不过这转移到了组织结构（管理层面）的身上。然而，管理监督与风险树理论的确称一些风险为"假设的风险"，这些并不让管理层负责，因为它在真实的组织中即使是因素中最小的也无法生存。管理监督与风险树理论可能最重要的成果之一是，提出了在一个系统中发展"防御层"的思想。这些防御层可以包括简单的物理防御层，如机器上的警告，或执行程序以避免事故，例如 QF1 案例中的复飞程序。据说，由于人的行动或某种形式的技术故障导致一个或更多的这些防御层被突破时，事故才发生。如果使用管理监督与风险树理论来分析 QF1 案例，管理层是非常重要的，尤其是防御层的设置要到位，以及来自不正确的进近程序或正在实施的天气培训等问题要得以解决。然而，这些都无法说明飞行机组人员的实际决定，在某种程度上，这种方法尽管参考了所假设的风险，但还是忽略了条件和行动的直接影响。到目前为止，这种模型很好地涵盖了本案例研究，已经稍微"摆脱"了具有限制性的线性模型。虽然模型本身作为一种调查工具，存在其自身的复杂性和呆板性，但我们可以认为，这个问题在今天依然出现在许多框架中。

20 世纪 80 年代和 90 年代

20 世纪 80 年代和 90 年代后期，技术改善对事故的影响已减少，事故率再次趋于变化不大的境地。为此，调查组织对不安全事件的贡献最主要的飞跃来自詹姆斯·瑞森（1990 和 1997）所提出的事故因果关系中的瑞士奶酪模型。这种模型已被个人、公司和世界监管机构（比如国际民用航空组织）、全球航空业等所采用，作为他们调查努力和理解事故的基础，这也包括运用该模型来调查 QF1 事件的过程。

航空领域以外的事故调查也开始把系统作为一个整体进行关注，如三里岛事件（宾夕法尼亚州，1979）、自由企业号事件（关泽布吕赫，荷兰，1987）以及派普阿尔法平台事故等（北海，1988）调查。在文献中被广泛讨论的这些事件，都采用了组织视图的观点。事实上，在若干年前，佩罗（1984）在他的论文中认为遭受不可预见的社会技术故障，这就是复杂、紧密耦合系统的天然性质。这似乎形成了以瑞森理论为代表的各类有关理念的基础。然而，如果故障失效是真的无法预见的，那么这的确让事故和事件预测工作的可能性成了无源之水。

从图 2.3 中可以看出，瑞森已识别出一些"洞"总是存在于奶酪层内，

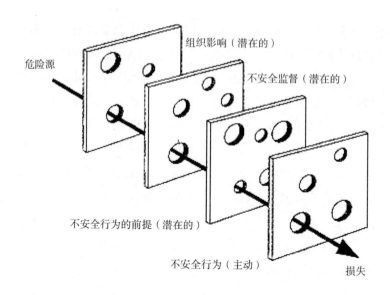

组织影响（潜在的）

危险源

不安全监督（潜在的）

不安全行为的前提（潜在的）

不安全行为（主动）

损失

图2.3　瑞森的瑞士奶酪模型（改编自1997年瑞森的著作）

而且，如果这些洞连成一线，那么就可能导致灾难性的事件。在大多数情况下，一个防御层将阻止事件造成灾难；洞是流动的，因为它们可能会出现、消失或改变大小，这具体取决于系统或组织的精神病理学。瑞森模型最重要的是，它区分了潜在差错和系统中生产一线人员的主动差错。毫无疑问，这表明，不管是以潜伏的或以主动的形式存在的人为差错，将对事件和事故的发生具有100%的贡献（例如，参见杨等，2004）。讨论人为差错所造成的事故和事故征候的百分比一直有争议，从海因里希（1931）80：20的比例，以及波音公司（1996）2/3的比例，到似是而非的100%的比例。甚至瑞森（1997）说，虽然总是会存在主动失效，但由于防御层大部分会捕获这些失效，因此不会导致消极不利的结果。然而，这本身似乎突出了瑞森研究工作的一个主要问题，即如果没有预测元素，一些主动的和潜在的条件将继续存在，这会导致问题的发生。这的确限制了该模型在针对事件后调查转移到组织病理学调查的适用性，而不是限制了特定情境，以及在事故或事故征候前后进行所有前兆信息调查的适用方法的使用。因此，我们可以建议，已经采用此模型并死记硬背式的应用，就会存在危险。这需要今后进一步的研究工作。

在讨论他的研究发展和模型时，瑞森指出，我们"不能改变人类的条件，但我们可以改变他们工作的条件"（2000：768）。换句话说，他似乎暗示了一个事实，即在任何认知层面理解个人行动的"为什么"，可能只会有很少的用处或根本没有用处，因为差错会发生，这是不可避免的。这过于简单化和近乎宿命论吗？瑞森甚至在 2003 年底的会议演讲中建议："或许我们应该重新审视个人因素（英雄式的以及危险性的行为）。"这些似乎是重要的话，重新凸显了主动差错的重要性和意义。

这种模型在人为差错调查领域做出了一个重大跨越，并提醒调查人员和公司注意，今后不仅仅是研究和责备个人的问题了。通过诸如三角洲模型，潜在因素的组织标识符会集中化。基于瑞森模型的方法，通过识别、分类和使用补偿因素，这一模型旨在控制组织内的潜在因素。事实上，我们只需要看看 1986 年美国挑战者号航天飞机事故的例子就知道，这一事故导致了生命的丧失，震惊了全球各地，我们也看到，其调查更多地转向了组织差错的领域，进而形成了调查的核心。黛安·沃恩（1997）在她深入和睿智的调查中，展示了瑞森模型是如何适用于该事件的时间表的，时间退回 9 年去找到潜在的路径，可以说是没有主动的差错的。①

尽管事故致因以及调查的新观点毫无疑问地促进了该领域的发展，然而该发展似乎仍然是以单一因果链的多米诺理论为基础，只不过在此基础上增加了额外的因素或影响因素到模型中来。甚至，瑞士奶酪模型似乎是多米诺骨牌理论的延伸，认为此类事件链模型促成了有限的线性因果关系的概念，就很难再加入非线性的关系了。我们也会出现一些担忧，比如在澳大利亚运输安全局调查曼谷冲出跑道的案例中，这种因果关系模型作为事故调查方法和模型是否合适。二者之间的区别在真实世界中的应用，似乎是模糊的、不清楚的。为了确保所需事故链模型的完整性，沿袭这种模型可能会导致以牺牲其他因素为代价的方式寻找或发现潜在因素。

瑞森（1997）认为，潜在差错总是存在于任何事故或事故征候中，但主动差错可能会，也可能不会存在，那就是说，主动差错很可能是后果，而不是事件路径的原因，如果存在足够的潜在条件，那么主动差错并不是必要的因素。这有助于各个行业集中精力努力寻找潜在的差错，但这已证明，在事件发生前很难找到，或者由于事后诸葛亮的偏见等因素，事后太容易找到

---

① 虽然这是有争议的，但是"发射决策"被认为是主动差错。这再次凸显了差错是事件的原因或是结果，因为发射是事件的原因，而且是许多以前事件的结果。

（或至少非常专断教条式地寻找）。菲施贺夫（1975）强调，我们的头脑中符合逻辑的方式是重建过去的事情使其成为线性，但这在现实世界中，线性过程是不可能的；因此，为了满足调查中不真实的分界点抽象的要求，这几乎是将寻找潜在条件的事情过于简单化了。也就是说，当我们在一步一步研究潜在条件的组织结构时，没有一个自然的点让我们在事后事故调查中停止搜寻原因——对于我们付出的努力而言，从哪里开始是没有回报的，或者是有不切实际的回报？西德尼·德克尔（2005）指出，瑞森模型受结构主义范围所限，虽然在事后调查中运用得很好，但它缺乏在流动的事件前发挥作用，这种限制今天仍然普遍存在。

佩罗（1999）也强调过这种存在于系统中的潜在条件的效应，瑞森（1990）用最简洁的语言将其隐喻为潜在的病原体。这补充了所有的研究工作，这些研究工作导致了关于潜在差错显著性和重要性的许多深入的发现。然而，在有的情况下，比如1986年乌克兰切尔诺贝利灾难事故，可以说归因于操作员纯粹的主动差错。这些似乎和佩罗或瑞森事故调查的方法背道而驰。应记住，此模型只是对一种想法的描述，不是事故调查人员要严格遵守并直接运用的。这些研究进展和指责文化的相关性在下文中进行讨论，尤其是参考了瑞森（1997）基本归因差错和意外差错的理念。

看来必须要恰当地指出，瑞森关于人为差错的组织模型不是没有用处的。基于他的想法，一个行业经常使用该方法上的例子，尤其是在航空事故文献中，就是人的因素分析和分类系统法（简称 HFACS）（夏贝尔和魏格曼，2001）。人的因素分析和分类系统法已被应用于众多的航空事故调查中，可以识别主动和潜在因素之间的有用关系（例如，参见李，哈里斯和于，2008）。然而，这种方法有很多的局限性。肖罗克和钟（2010）研究了学术研究和实践之间的联系，发现诸如人的因素分析和分类系统法这样的成功模型依然存在着各种漏洞。

然而，正是在这段时间进行的研究为事故因果关系模型带来了一个全新的视角。一个早期的例子是亨德里克和本纳（1987）在开发时间和事件序列绘制（STEP）的工作，他们这一工作起源于他们早期对多线性事件序列（MES）（本纳，1975）的研究。这些理论不仅旨在帮助调查人员开展实际的事故调查活动，而且明显地摆脱了多米诺骨牌理论的束缚。这两种方法均建立在微扰理论（P－理论）及维护系统稳态的基础上，如果微扰造成不安及系统不适应，那么将形成事故发生的序列顺序（本纳，1975）。

时间和事件序列绘制法使用卡片来整合收集的事件信息，包括涉及的行为人和行动，以及关于它们的描述和信息的来源等。然后，根据记谱法（tabulature）将事件放置在表格中，x 轴记录时间，y 轴记录行为人，绘制事件之间所需的因果关系。调查员可以清楚地查明事故序列的详细信息，可以突出显示在哪个堡垒层或防御层失效，比方说曼谷冲出跑道事件，以及需要在哪些方面发展才可能减少未来事件的发生。当应用于如 QF1 事件的案例研究中时，时间和事件序列绘制法似乎提供了有用的方法，可以说明和调查主动和潜在的问题。然而，似乎在复杂的系统中，时间和事件序列绘制法并不是适合的工具，因为它的焦点关注在单个事件（和最接近的事件）上，而不是把系统作为一个整体来进行关注。我们需要这些工具的发展，使它们能反映正常和非正常工作期间的系统空间。

时间和事件序列绘制法矩阵（图 2.4）完成后能够精巧地展示事故网络方法的诞生——多原因、多个行动者和多个事件。这让网络模型具有可变性（或至少是动态的），这主要是针对了德克尔（2005）的断言，他认为瑞森模型无法具有可变性。

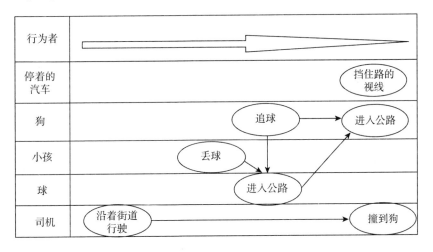

图2.4 简化版的时间和事件序列绘制法矩阵（在城市发生的汽车事故）

尽管有各种影响因素，但拉斯马森（1997）还是跳出了单一链因果关系的约束。拉斯马森认为，人为地将行为分解为决策和行动，会将现象从这些行为发生的背景中隔离出去。他总结说，这是一种试图理解行为的无效方式。

他提出了一种关注动态的社会技术组织各层之间的垂直整合的系统性方法。他知道一个闭环反馈系统对于组织在一个动态世界中取得成功的重要性（图2.5），因此，类似于时间和事件序列绘制法微扰理论思想，为防止事件链导致事件的发生，适应系统中的变化，系统可能会保持稳定。不同层级之间缺少垂直集成，如图2.5所示，可以归咎于这种系统缺乏反馈，以及涉及的行为者（人或机器组件）也不能完全理解系统内或是周边环境的其他行动者（即，在其他层面的行动者）的作用。

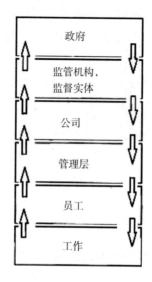

图2.5　复杂社会－技术系统的层次说明（改编自拉斯马森，1997）

维森特和克里斯托弗森（2006）发表了一篇论文，该论文阐述了拉斯马森在动态的社会中进行风险管理的理论框架，是如何适合2000年加拿大沃克顿供水系统崩溃导致多人受伤和死亡案例的说明的。他俩的论文是第一次全面独立地应用该框架到动态的社会之中。该论文认为，周围发生的事件发现，大部分的模型预测是真实的。防御层并不是一次性减弱的，而是随着时间的推移渐渐地弱化，不同层之间的交互会逐渐降低以及反馈会减少。事件的时间分布模型通过此方法不容易展示，但可以派生出描述性的因素图，从这可以显示各级行动者所有的交互作用和责任。

维森特说明了系统失效与这种方法的相关性。然而，如果这一框架应用于如QF1事件的案例研究，仍然缺乏上面讨论的时间和事件序列绘制法网络方法的元素。这一框架在时间性的和更详细事件概述等方面是缺乏的，然而，对于一个事件来说概括其细节和得出整体广义结论，这一框架打下了良好的基础。

人的可靠性和差错识别

如果事故调查是一枚硬币的一面，我们现在可以把注意力转向硬币的另一面——事故预防，正如我们所看到的，这里产生了许多悬而未决或无法回答的问题和难题。在人的因素领域，尽管这不完全算是全新的事宜，但是，例如人的可靠性评估（HRA）这样的技术方法仍然处于发展的起步阶段。这些方法使用概率风险评估作为基础，事故调查的定量方法经常需要限制主观性。即使经常收集历史数据，也许也并未能充分使用其全部潜力，但是这些数据也是重要的，因为这些数据经常有助于形成概率关系。这一节涉及事故调查模型更多定量方面的内容。

人为差错识别（HEI）基本上是人的可靠评估技术的初始部分，并且是概率安全评估（PSA）的基础（考克斯和泰特，1991）。人为差错识别是一种主观性的技术，是以具体方法导向的，目的是说明人为差错对系统的影响，以及与该差错相关联的内容（柯万，1998）。

柯万（1998）强调了人为差错识别和人的因素及独立于人的可靠评估技术的人机工程学的相关性，因为这完全是通过流程发现确认差错本身造成的。这些因素在差错减少分析中进一步完善，可以证明减少犯差错的可能性，或者，如果它发生时，减少对系统的影响。这就消除了依赖差错的概率和量化数值，使用这些概率和数值等问题在文献中一直争论不断。这反映在前面关于过分强调因果关系链模型的讨论，莱韦森（2002：14）指出，事件链模型的局限性也反映在当前定量风险评估的方法上。当进行分析的目的是执行一个概率风险评估时，事件链中的启动事件通常被假定为是相互排斥的。虽然这一假设简化了数学分析，但是它可能和现实不匹配。

在柯万（1998）所讨论的人为差错识别可用方法的文献中发现了 38 份论文，包括知名的材料，如系统性人为差错减少和预测方法（SHERPA）（恩布里，1986），人为差错率预测技术（THERP）（斯万和古特曼，1983），以及危险源和可操作性研究（HAZOP）（克莱兹，1974）等。几乎半数以上的文献都是在过去 5 年中出现的，这证明了整个 20 世纪 90 年代在这一领域的研究今天仍在继续。① 基于流程图的应用，这一方法有了广泛的应用，在复杂的任务中仍然是一个流行的工具，但它已经变得笨拙，太过于资源密集型了（柯万，1998）。第二代的人为差错识别方法已经得到了进一步的发展，比如认知可靠性和差错分析方法，可以参考霍尔纳格和恩布里（1994）的观点，就是建立在 SHEPRA，以及拉斯马森（1988）的技能、规则、知识框架，它试图在人为差错识别中纳入认知水平的分析。这与肖罗克和柯万（2002）开发的 TRACEr 均可以应用于回顾性和前瞻性的事件调查，这促进了这些工具在事故预防领域的大规模应用。重要的一点还在于，这些图表式或正规化的调查方法，允许观察人员查看调查人员得出自己结论的基础，大大提高了透明度。

飞行器设计随着时间的推移进一步发展，因此，也必须拿出相应的措施使得这些设计保证质量，并且可以来研究这些设计所涉及的与人的因素之间的交互作用。目前，对于人的因素从业人员可用的现代调查工具来说，ER-RORPRED 项目（斯坦顿、哈里斯等，2006）是一个很好的来源。该项目覆盖了所有的主要模型，简要论述了其积极和负面的方面。然而，问题在于，尽管我们有数量可观的模型可用，但对于许多复杂的情况使用起来太笨拙了，似乎仍有很大的范围空间需要我们建立一个框架，尤其是在一定程度上要对行为者的认知建模，在调查中不能过于笼统，也不能只针对一个领域或特殊情况而过于具体。斯坦顿、哈里斯等开发了工具包方法来预测差错，此方法相比上文所述的基于流程图的应用和危险源与可操作性研究等独立方法，表现毫不逊色。该工具包方法似乎能处理好差错的复杂性，提高差错预测的灵敏度，以及相比其他单独使用的人为差错识别方法可以进行多种分析、验证（斯坦顿、萨蒙、哈里斯等，2009）。

在为航空行业开发新的人为差错识别工具的过程中，斯坦顿、萨蒙和沃克等（2008）反映，尽管有大量的技术技巧可用，但在一些情况中的适用性仍然是值得怀疑的："研究人员的目标现在仍然是在考察这些当代的人为差错识别方法如何可以得以改善和发展，以及航空行业新的、具体的人为差错识别方法如何得以改善和发展"。（萨蒙等，2002：129）

---

① 斯坦顿，哈里斯等（2006）在文献中找到了超过 100 个模型。

当前人的因素在航空事故调查中的应用

作为未来发展障碍的后知后觉（事后诸葛亮）

21 世纪

我们是否想要解决具体的事故征候或事故的直接原因，或解决一个组织和系统整体的病理？这是在事故调查中人的因素工作的关键节点问题。正如杨等（2004）和德克尔（2002）所讨论的，在当前的事故调查中，发现了许多潜在条件或失效的地方，但归因于因果关系的能力只是在事后才有机会成为真正的可能。虽然毫无疑问可以找到组织内许多重要的潜在条件，但是，坚持不懈地应用这些自上而下的事故因果关系模型（例如，参见瑞森，1997），可能完全是任何预测形式以及可以说更是相关于调查的一种障碍。这个观点是站得住脚的——从事件往回搜索没有自然的"停止"点。事实上，布雷斯韦特（2001）讨论了莫桑斯基于 1992 年调查安大略航空公司 F－28 从德莱顿起飞由于结冰导致飞机坠毁的案例，他认为：毋庸置疑，大量的差错不是一起特别严重坠机事件的指示性标志，相反，而是说明这是经过彻底调查的标志，这句话说得很到位。

因为事后诸葛亮式（hindsight）的调查理念作为调查工作中一个主要的问题正在不断地被讨论，首先让我们看看这一概念最初出现的时候的状况。菲施贺夫（1975）详细讨论了这一概念并得出了结论，事后诸葛亮式的观点不等于远见，但当时也认为，通过了解过去的事件如何发生，并消除相关元素，它们就不可能在将来再次发生。虽然按照今天的标准这过于简单化，但是这的确在行业内形成了非常重要的文化，我们要找出系统或个人的差错和问题。现在流行的观点正如前面所提到的，过去的事情已经结构化为多个线性的事件。然而，在动态的时间段内，这种简化是不可能的，所以在面对涉及事件的各种因素时，我们又立即处于这场"战争"的下风。众所周知的是，简单地删除一个元素不会阻止未来事故的发生。进一步了解和使用瑞森模型内的层，以及这些层内洞是不断流动的想法，意味着这种情况可以视为在不断变化之中。对此，这形成了两大主要的阵营，在这两个阵营中，那些觉得需要接受人类易犯错的本性，以及那些觉得需"复原力工程"（例如，参见霍尔纳格、伍兹和莱韦森，2006）的人似乎是最具有前瞻性思维的。

我们在关注因果关系时，重要的是要试着使自己的处境相似于那时的个人和系统。通过这种方式，尝试不使用我们的偏见。伍兹（2003）非常简洁地阐述过，在事件发生之前，未来似乎是难以置信的，但在事件发生之后，过去似乎又是令人难以置信的——他们为什么看不到呢？这个意外因素必定是存在的，而且个人在当时是可以辨别分清的，这在瑞森的书《人为差错》（1990）中还讨论过，事实是他们没有"看见"（以任何手段，包括听觉、视觉、触觉等），否则就不会发生该事件。德克尔（2005）进一步讨论了该观点。事故不是结果，他和佩罗（1984）提出：由一系列事故征候导致的事故，都是在正常组织中的正常人做的正常工作。从当事人的角度来看，导致事故的原因很可能是这样的。这就给了有惊无险事件以及报告系统的重要性更多的分量，比如保密性人的因素事件报告或英国航空公司的安全信息系统等。

如果坚持使用自上而下的规定模型方法，我们能从事故调查中收集到的东西似乎是对公司及其病理的一次重大审计，但是，从事件的近因中提取足够的原因来分析和抨击它们可能是不现实的。毕竟，它是我们正在事故调查中寻找的"可行的补救应用"（瑞森，1997），不是非常随意分解公司的所有失效。因此，杨等（2004）在他们的论文中建议，也许一种自下向上的方法，正如德克尔于2002年再次讨论的那样，在寻找事故的真正原因方面可能更有用并存在较少的偏见。然后，如果适当地采取行动，这些原因可能会积极地影响系统的未来。

安全文化和责备

所有以上讨论的模型被用作了进行事故调查的基础。在事故致因关系和航空行业中，以及在其他复杂的社会技术系统中，人的因素研究的基础是在行业内或跨行业改进和提升安全。当然，此基础就是要有一个安全的组织。把该组织作为一个整体来看，什么才能准确形成一个系统的安全文化或背景，以减少事故和事故征候的机会呢？无论选择什么样的模型或方法，本节介绍了一些重要的问题，因为它们直接影响到组织的报告和调查实践。

韦斯图姆（1992）确定了三种主要的组织文化：病理文化、官僚文化和创新文化（表2.1）。从表2.1中我们可以看到，航空公司或其他复杂的行业应该向往生成创新理想中的文化。事情不会被掩盖，而是会被解决；高风险和复杂操作是我们需要适应和对此展开想象的。

表2.1　韦斯图姆的组织文化和他们是如何处理安全信息的

主题		文化		
		病理文化	官僚文化	创新文化
	信息	不想知道	可能不会发现	积极主动寻找
	信使	"被杀"	听见IF到来	培训和奖励
	责任	躲避	部门化	共担
	失败	惩罚或隐藏	领导本地修复	领导实施深远的变革
	新想法	主动阻止	经常提出问题	受欢迎

来源：来自瑞森（1997：38）

在这些组织中，学习需要成为优先事项，并迫切需要消除复杂社会技术系统的典型特征，因为总是有更重要或迫切的事情存在于组织中（瑞森，1997）。

许多文献为建立一种安全文化与安全组织提出了大量的"药方"，比如瑞森（1997）就讨论过组织能力的问题，既要收集正确的数据，对数据采取行动，还要将其以有用的方法传播给所有有关各方，这方面的例子以及它们的重要性在下文中会一一介绍。目前，尽管还没有明确的组织定义安全健康，但为了积极阐明安全文化，各类论文或各家公司使用统计数据或比较研究以满足他们的需要。瑞森（1997：191）指出，首先，尽管目前大多数商业航空公司几乎实施了一致的培训、运行和监管程序，甚至是飞机型号，所以全球航空公司取得了1：260,000事故率和1：11,000,000事故率的数量差异，但在某种程度上来说，这一差异远没有航空公司的文化作用大。其次，这应该是与其他产业比较，而实际上英国在切尔诺贝利事故的报告中，英国中央电力局在那个时候的管理者马歇尔勋爵等（瑞森，1990）宣称，在英国可能不会发生这样的事故，因为英国具有一个普遍更好的安全文化。识别出并量化是什么实际上形成了安全文化，这在这个领域中还有许多工作要做，以使全世界有效使用更好的例子。不过，当一个个体从任何特定的状态或倾向（东方的、西方的或其他的）进行比较，以他们自己做事的方式，而不是从完全局外人的客观角度来关注安全文化，这会很难。

当布雷斯韦特比较来自世界不同地区和在不同国家承运人的机组时，他讨论过澳航和其他航空公司安全文化的重要例子。首先，在讨论这样一个问题之前，重要的是看看文化是指什么。其次，瑞森（1997：192）的研究相当好地涉及了这一领域，他简洁地指出，尽管民族文化很大程度上源于"共同的价值观，而组织文化主要是由共享的做法而塑造"。然而，这作为学说采用，意味着无论在世界（或占主导地位的社会文化）上的哪家航空公司，实施了某种实践（比如给出了事故征候报告或安全程序简令）将会带来更好的安全文化。虽然这是相当简单的事，但是回过头来看，瑞森关注到乌塔尔（1983），可以看到组织文化是共享的价值观（什么是重要的）和信仰（事情如何做的），这与组织结构和控制系统交互作用，以产生行为规范（做事的方式）。

布雷斯韦特（2001）提出，澳大利亚机组由于其开放性，能够彼此大声地说出反对意见，不管论资排辈的做法，因而其很可能在安全环境中取得成功。这可能与既定的远东航空公司的做法或那些可以被视为有一个更分层次的社会文化的国家的做法是相反的。在这些组织中，上级对他们的下属明显更加专制，而且这其中标志着很深的权力鸿沟。这伴随着世界某些地区糟糕的机组资源管理（哈里斯，2008）。然而，在这些更严格的环境中，安全已经被归因于高水平地坚持标准作业程序，也可能有关于澳航航空安全的模型。我们可以再一次看到的是，这些领域有许多悬而未决的问题，但主要的可预见的问题，甚至到目前为止的研究，是他们依靠通过问卷调查或访谈从飞行员那里得到输入数据，努力希望获得对方的响应水平为整个航空公司、国家、环境文化提供真实可靠的信息或范围。

毋庸置疑，如同瑞森所讲的一样，安全文化（或组织文化中围绕安全这件事的任何其他方面）是组织"有什么东西"，而不是"组织是什么东西"。因此，组织是具有延展性的，可以增加或削减文化的某些方面，从而改进和提高这种文化。这些方面需要被识别和检验，以便于明确它们是否与其他文化层面融合，共同以积极的方式发挥作用。事实上，布雷斯韦特（2001）开展了一个有意思的讨论，需要设置一整套全面的系统安全指标，类似于飞行安全基金会的飞行可控撞地检查单。这将需要设计一个积极主动和简单的检查单样式程序，来评估组织和寻找可能需要明显改进的区域。或者，需要证明此程序比先前认为的标准在任何层次上都要更好，所以改进措施可以在其他组织进行复制，或至少可以得到支持或反对。瑞森（1997）再次指出，指令性、唯一前馈式的方法永远不会完全控制安全行为，因此，使用这样的系统安全检查将使组织内安全文化的发展具有不断持续的反馈过程。这就需要定期进行实施，并且让所有的个人都觉得，他们的所有评论或报告（例如，通过事件报告体系）都是受欢迎的，并且组织对此会采取行动。这个系统在这个层面上的问题是：如果它是太一般化的，那么它的有用性将是有限的，但如果它是太过于细密的，那么，它的使用可能令人望而却步。争论的实质是"在循环内循环"，通过反馈（图 2.6）整合系统的各个层级。

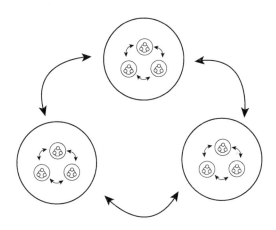

图 2.6　通过系统层级相互连接的反馈和前馈循环

任何组织所固有的是存在责备（指责）文化，无论是真的责备文化或是非指责的文化，或定位于两者之间的文化（如"公正"文化）。当然，对于事件报告项目的发展来说，责备这个要素显得尤为重要。这也是作者在论述中所强调的：要重新纠正平衡这种情况——让主动差错报告让位于在调查和预防事故发生时更关注组织的潜在病原体；也就是说，不是打算回到责备和羞辱个人行为的时代，而是把注意力集中在个人行为方面的"为什么"和"如何"领域。此外，责备这个要素是将调查的重点从个人层面移开的一个主要因素，即使根据瑞森（1997）的观点，这最终要归因于一线的个人，但是这偏离了将组织作为一个整体进行指责的方向。事实上，毫无疑问，组织不能简单地将一个事件的罪责从事件本身和个人进行脱离；事件是内部的因素，是组织的一部分，不应该排除对组织的责备。当我们在研究一个组织可能会涉及永无休止的资料搜索时，或者需要满足我们内在的需求时，我们会为了达到满意度或者盖棺定论而将其归咎于个人因素，这常常是一种文化使然。然而，如果想要获得高水平的安全文化，必须要避免这种情况。将事故原因归咎于个人和承认个人或一组人主动差错的影响导致了事故的发生，不应是完全一样的，出于调查的目的，二者应该是相互排斥的。只有当诸如"重大疏忽"发生时，我们才应该关注制裁个人；除此之外，首先要采取的行动应该是培训及纠正行为。毕竟，众所周知，所有活动都有某种形式的固有风险，因此，基于这种风险惩罚一个人是不公平的。我们关注的不是强调责备，也不是无视如下事实——个人对于事故因果关系可以产生深远的影响，然而，在认知和组织层面上我们关注"为什么"和"如何"，这才是我们所说的系统观。

事故征候：积极主动的安全工具

迄今为止，本研究中探讨的核心主题包括比较和使用商业运输及通用航空，还有需要解决占主导地位的线性模型的问题。另外，我们在回顾相关文献的过程中，特别是在实际使用有关航空事故调查的方法时，增加了使用非事故情景的研究范围，以便更好地了解航空系统。尤其是，反馈作为一个重要的问题，在想要实现安全的组织内部进行了讨论，而且，事件报告项目是可以实现这种有效性的一个领域。

事故征候，或"有惊无险"的事件，可以被定义为局部穿透防御层，一直到所有可用的防御层都被打败，但没有导致实际的损失。由于这覆盖了众多的过错，因此希望宣扬这些大量的信息，从而促进安全发展。从本节开始，本书讨论目前行业应对事故的方式，它还将解决使用事故征候用于安全管理的问题，特别是，使用信息网络这一方法更充分地理解事故征候。

事故征候的地位在哪？

在《与计算机互动》特别版的社论中，克里斯·约翰逊（1999）强调了人的因素的重要因素——对于重大事故的偏见，他进一步解释说，这是在行业中理解人的因素并充分利用技术的障碍。这些都是高曝光率、高成本（按照金钱和生命价值来计算）的事故，会登上报纸的头版头条，可以让公众极度地愤怒。幸亏，绝大多数涉及人的差错"事故征候"导致的是一个事件（或者甚至是一个非安全事件），而不是一次灾难性的事故，这些事件可以被很多人认为是"免费的经验教训"。瑞森（1997）花了一些时间来研究安全意识和安全预防是最高级别的事故后操作的思想。由于事故预计会发生在其他组织身上，就像"令人惊讶的归因因素"一样，并不会发生到自己身上，所以，它们可能随着时间的推移而逐渐减少。在理想的情况下，在这些系统和组织内应使用事故征候来创建一个更安全的环境，这种更安全的环境在一定程度上和过去已有的事故一样。安全系统，如保密性人类因素事件报告系统或英国航空公司的安全信息系统，都试图完成这样的使命。瑞森（1997）再次相当巧妙地将事故征候比喻成疫苗接种，事件发生后可能是一段时间的保护措施。当然，这并不是依赖于非常有用的解释、调查和传播。

在航空业和其他高度复杂的行业，发生灾难性事故的数量随着时间的推移而减少，这是由于安全得以改进，此外可以从事故中学到的教训也减少了。这导致了什么事情会发生这种想法在人们脑海里也渐行渐远。到目前为止，事故征候不仅要接受调查以及获得日常关注，而且必须在调查的术语中被视为新的"事故"，直到我们完全学到它们可能提供给我们的所有经验教训，这必须成为一种正常的做法。由于事故数量的下降，这种充分利用事故征候的行动，早在1988年拉斯马森的论文中就已经开始讨论了，然而，我们仍未完全利用这些可用的资源。调查的集中度也需要开发，这样才能真正利用这些事故征候到其最大的利用限度。我们必须开始关注，事故征候朝哪个方向发展，以及在积极的情况下，可能在未来发展成为预防性的措施。当然，对任何这类的说明必须要小心，不能再回到"实施更多的法规"这种类型的态度上去。在此背景下，关于安全的工作正在实施，但这种对策对于某些方面或在系统内其他地方可能会产生负面的、不利的影响。事故征候可能是在安全管理中朝向积极行动的一个真正步骤，直到未来某个时候实现——完全主动的差错预测技术，诚然这还处于起步阶段，但可以为复杂的系统做出更大的贡献。

通用原因

为了从事故征候中得到最大的效用，这项研究打算以和事故相同的程度（并甚至基于事故征候调查关注预测潜在结果）来分析这些数据，以确定是否错过了经验教训。然而，在我们可以这样做之前，必须要排除另一个障碍。在调查事故征候揭示有关事故因果关系信息的有用性的过程中，整个前提被称为"共同原因假说"。这就明确指出：导致事故的因果途径从根本上和导致事故征候或未遂事件是相同的，如果显著改变一个或几个因素就导致了一个改变后的结果（即，不是事故）。

对它的首次讨论是在海因里希 1931 年《工业事故预防》的书中。虽然我们需要做一些工作来评估常见通用原因的有效性，但看上去事故征候和事故因果途径的相似性好像和事故征候和事故的严重程度和可能性事宜混淆在一起（赖特和范·德·沙夫，2004）。也许这种混淆的基础是海因里希和其他人（例如，伯德和杰曼，1996；萨尔米宁等，1992）以比率为基础进行研究的方式，以便尝试证明（或推翻）事故征候和事故之间的关系。事实上，赖特和范·德·沙夫在 2004 年的论文中讨论了他们发现的所有研究中（有针对性的）所出现的混淆现象，都提出了建议支持或反对通用原因理论。换句话说，这个理论本身从来没有真正得以证明，然而，这就是这么多有惊无险事件研究的基础。

德克尔和霍尔纳格（1999）几次提到有关于失效的演化过程，在这一过程中释放出了事故前的先兆事件，并暗示了系统中存在的漏洞。他们认为，导致事故或事故征候的事件序列是几乎完全相同的，它们也同样具有人——自动化失效的特征。这一观点坚定地认为：事故和事故征候常见的通用原因存在于最复杂的社会技术系统和人机交互之中。事实上，似乎那里有很多实证证据显示，正确调查事故征候可以防止事故的发生。伍兹等在 1994 年分析了 1992 年发生在斯特拉斯堡的坠机事件，结果表明，英国航空公司以前的事故征候有很多相同的详细信息，但这些信息没有传递到那些为了防止事故发生而需要此信息的人手中。这是很多文献中的论文之一，说明先前存在的事故征候没有一个灾难性的结局，然而，事故中都有太多相同的先兆情况。事实上，这再一次强调了沟通的问题：事故征候调查和报告的详细细节需要定向提供到正确的人手中。通过使用欧拉萨努和康奈利斯（1993）的自然主义决策的概念，我们可以看到，当出现新情况的时候，人们往往不会将情况带回到基于知识的行为的第一原则中去。相反，他们依靠于和以前遭遇到的情况进行比较，从这里我们可以推测：如果我们可以给我们的机组人员对以往事故征候更多的知识，那么他们进行比较得到正确的操作的可能性则会更大。

这并不是说，上一个事故征候所导致的所有情况下的补救行动都会产生完全积极的结果。瑞森（1997）讨论了几个案例，表明上述说法是不真实的，其中包括1979年发生的三里岛事件的案例。在航空业也有许多案例，比如在20世纪50年代后期由于在污染的跑道上发生了大量的事故后，航空公司引入了起飞监视器。此设备指示飞行员根据条件使用"正确的"起飞姿态，这是为了解决先前事故征候中所发现的问题，即机组实施了不正确的起飞姿态。在不能将螺钉固定在恰当的位置的情况下，该设备发出指令，以异乎寻常的高迎角起飞，而按照此指令，飞行机组人员导致了飞机失速，飞机在跑道上坠毁。该案例简洁地说明了仅仅通过引入新的指导方针、做法或规章，而不是通过识别出和防止事故发生的问题和原因而造成的危险。正如唐·诺曼（1990）所总结的那样，如果分析是孤立的，那么它们造成的改进也可能是孤立的，所以有可能导致在系统层面发生新的问题。

通过使用保密性事故征候报告和分析系统中的数据，赖特和范·德·沙夫（2004）在一个非常一般的水平和非常有限的条件之下，集中研究了铁路系统的安全事件问题。然而，这是文献检索到的唯一的论文，该论文涉及了似乎解决常见通用原因的实际假设问题。这的确引入了今后进一步研究工作的理念，可能使用类似于英国航空公司的安全信息系统、保密性人的因素事件报告和在不同的行业中其他的报告系统，以争取多层次研究通用原因，这为未来研究促进使用事故征候数据以防止事故的发生，建立了明确的基础。对于平庸的事故理论也有拥护者，比如德克尔（2005）在系统安全度大于0.0000001的事件中，事故征候事实上并不比事故更优先。在这一观点之前，他认为，事故征候实际上可能是这样一次事件的先兆，还是非常有用的。德克尔认为，在这些状态中，事故之前是正常的工作，这本身违背了瑞森和那些捍卫通用原因想法的人士的观点。莱韦森（2002）提及了爱德华兹（1981）和契伦（1982）的论文，宣称"有惊无险事件（事故征候）报告的数据表明，这些事故征候的原因主要归因于技术偏差，而类似导致损失的事件，更常常被指责为人为差错"（莱韦森，2002：21）。然而，这可能是由于人们报告程序的做法和特点，而不是真正的因果关系差异。这是一个不同的观点，对于常见通用原因理论的核心内容进一步研究可能会回答这个问题。

实现潜力

我们已经提到只是通过事故调查而出现的收益回报递减的情况。事故总是罕见的，因而导致事故的总数规模不够用于任何形式的统计分析，从而显示出系统的状态（沃尔多克，1992）。"事故征候"会演变成为"新的事故"，如果用这种方式对待事故征候的话，这将会更有用。韦斯图姆（1992）的组织文化很清楚地说明，具有创新性特征的这些组织最有可能不只是为了收集事故征候的数据和报告，因为这本身还不够，而且还要对他们采取适当的行动。他们也会以公平和积极的态度（尽管围绕责备或不当行为的讨论）对待提交报告的人。

事故征候如果能被适当进行审视的话，我们可能会克服后知后觉的障碍。一连串的事件发生，这些事件会被调查，涉及的个人也会来讨论他们当时的感受和处境，所以，我们实际上可以问在什么时候发生了什么以及是谁发生了什么问题。事故征候包含一些负面的、不利的因素，这使得能够实现积极的调查，而且没有造成最后毁灭性的结果。虽然瑞森（1997）觉得，事故对组织的发展来说实在是有必要的，但实际上对此的答案应该是否定的；如果事故征候在过去的 20 年左右的时间里具有优先地位，那么，事故的数量可能会减少，行业作为一个整体其安全性就会得以提升。

瑞森（1997）讨论了在系统中的冗余是如何隐藏错误和差错的。他建议，这可能对于组织内的安全演化过程是消极的，这是由于从它们中学习经验教训的能力减少了。然而，这也是符合实际情况的，如果不充分利用事故征候，那么就会使得这些复杂的系统对于用户使用更不透明。如果以正确的方式对待和解决信息，那么可能证明信息是有用的，否则就会被浪费掉。然而，在这一点上值得注意的是，如果事故征候数据可以被充分利用，那么，公共领域的研究人员和其他公司就可以共享查看，但是，它们不能形成安全航空公司、机组或行业新的"排行榜"的基础，因为这会对于事故征候数据报告产生负面的、不利的影响。

为了从事故征候数据中收集到最高标准的信息，我们首先需要一个系统来收集和调查数据，这远不像到目前为止各种文献讨论所指出的那样简单。近几年来，我们看到了一些非常令人兴奋和有用的事故征候报告工具，如英国民用航空管理局的保密性人的因素事件报告、美国国家运输安全委员会的飞机事故征候报告系统和英国航空公司的安全信息系统项目等，全球还有许多类似的系统。这些系统都是数据的集合，由国家当局或航空公司本身制定自愿性和强制性事故征候和事故的报告程序。为了获得尽可能多的信息，如英国航空公司安全信息系统使用飞行员自愿报告的形式，然后通过电话联系机组；或非惩罚性的问询，如澳航在公司的主动安全项目——民用航空运输环境中识别所需的防御层（INDICATE）（布雷斯韦特，2001）。

在使用开放式和具体特定问题的过程中，调查人员尝试着不只是要了解发生了什么，而且还要获知为什么。随着数据越来越多，"为什么"已成为最近一段时间更重要的事情。因此，数据在一段时间是有用的，显示发生了什么样的趋势，显示事件或情形为什么可能会发生。关注后者可能会导致更好的防御保障，比如英国铁路保密性报告系统（戴维斯等，2000）努力处理大量的数据，但为什么会发生这些事件的信息则是非常有限的。这其中的一部分原因，可能是由于在铁路工作的雇员对于相对不成熟的报告系统的了解程度随着时间发展而改善。在这里，我们关注的是系统安全更大的大局观，以及报告告诉分析师的是什么，这是至关重要的。这并不是说，应对大量的数据是件轻而易举的任务，它将可能要求的是整个文化的转型。

报告事宜

这些报告制度的核心，正如已经提到的，通常是"自愿性的"。即使在"强制性"报告的项目中，涉及的机组依靠的不但是"亲历事件"或"差错"，而且也要准备思考如何、怎样和为什么会发生这事，以便于这样能够吸取经验教训。这就对很多商业航空公司的机组人员提出了很高的要求，尤其是当他们已经感觉到处于时间的压力下。很多人看到这些职责更多的是纸张上的工作，而不是他们主要的飞行角色的作用，这也是布雷斯韦特（2001）如此清楚地提出这个问题的尴尬之处。

上文中讨论的关于责备（指责）的思想，在"自愿"意味着可能让自己成为"人为刀俎，我为鱼肉"的一个社会环境中，甚至是更为盛行的。消除参与人的个人身份识别标志是最简单的办法，这样可以鼓励个人说出来。虽然将事故原因归咎个人在情感上获得了满足，但是，对被指责的个人未来犯错的可能性几乎没有影响，这一点在很多文献中是非常重要的，也是被广泛认可的。此外，我们无法改变人类的条件，我们必须与它合作。有关于法律的立场，这里仍然是一个长期存在的问题。正如布雷斯韦特（2001）所指出的那样，在美国（现在，在英国及世界各地也开始被过度使用）诉讼是件严肃的事情。围绕在这一领域的很多文献首先鼓励"非惩罚性"的文化，然而，这可能只是和指责文化一样具有负面效果。"非惩罚性"文化对真正疏忽有罪的行为，或者对那些完全非经培训的行为，可能就没有改正或补救措施。这是建立"公正"文化理念的起源。虽然我们需要有一个系统鼓励报告事故征候，但是，个人在哪些地方需要承担责任，或者应该采取哪些被忽视的行动，是否采取补救性的培训，即仅仅和工会代表及牵涉的机组谈话（或者像英国航空公司安全信息系统那样，在提交了任何重要的报告之后），甚或是采取法律诉讼，这都需要正确地认识到。在尼尔·约翰斯顿等替代测试（1996）文献中，我们需要评估责备是否公正或是针对这种情况的必要元素。在此类的心理测试中，该文献建议，如果个人的行为被认定为可能有关于事件中的不安全行为，那么，涉及的个人可以被具有类似资格和经验的人取而代之。进而，该文献提出了以下问题：基于事件的展开，并由那些实时涉及的人所感知，这个替代的新人是否可能会做得完全不同吗？如果答案是"可能不会"，那么，约翰斯顿就断言：追究责任没有任何实质可以发挥的作用。这允许同行之间进行简单的比较，并允许公正分析是否需要被责备（指责）。

整个文献也存在着重要的警示识别：的确所报告的最糟糕的事故征候，不管报告所述的失效是由于尴尬不愿意报告还是没有发现，在系统中，那里可能是最危险的"潜在的病原体"。事实上，德克尔（2005）详细地阐述了依靠个人认识到自己差错的困难，当在一个复杂的环境中工作时，每个人都相信他们正在做正常的工作，没有发生什么特别的事情，这个时候，这种情况就是非常突出的。局外人甚至认为一个"差错"可能是不正确的，因为它对他们来说，个人在当时开展活动过程中，这在他们头脑和"个人世界"中却是正常的行动。在尝试使用事故征候的数据方面，这是一个有意思的领域，可能值得进一步研究和调查，以及这对事故征候报告的影响也是值得研究和调查的。相比伍兹的研究工作（1984），这是一个新的想法，显示在核工业中的个人或同事是如何识别出他们的差错的。如果有的是天生难以识别出的差错，尤其是在基于规则和技能的层面，这是让事故征候和事故调查来实现我们的目标存在几乎不可战胜的鸿沟。本着同样的目标，瓜斯泰卢（1996）引述了瑞典的一项研究，说明需要培训个人，如何报告和什么不报告，按照什么标准判断其实真正是一个事故征候，这就是报告的质量和数量一样重要。

故事并没有到此结束，但是文献中有例子说明了对任何报告采取行动的必要性，这是为了鼓励机组或个人（德克尔和霍尔纳格，1999）今后的报告。

使用事故征候的未来发展

此外，即使我们的确收集到了足够多的正确的信息，并能够应用全面的调查技术，这实际上也是无用的，除非这一信息能够传达给那些有关紧要的人——在所有各级组织内的个人。事实上，不应只是简单地在公司内传播信息，美国联邦航空管理局（FAA）负责系统安全的助理局长克里斯托弗·哈特认为，"进一步降低航空事故率的唯一办法是共享安全信息"（马莱，1997：24）。不过，共享信息固有的特性应该是在公司间关系的演变，特别是，如果涉及商业上敏感或保密性的信息和数据。在公司保密领域中，安全事宜不能退居次位，当然，这是一个理想化的看法。

现在是行业开始真正地专注于事故征候报告中导致成功结果的元素的时候了。对于调查有惊无险的事件，这些是真正积极和主动的元素。瑞森（2008）也认为，现在是时候回到事件"英雄"上来了，而不是把所有参与者作为"坏人"来看待，约翰斯顿的替代测试再次在这里有了应用的范围。例如，鉴于相同的情况，如果换成另一个飞行员，是否能够挽救 UA232 航班（引擎故障导致飞行控制系统损坏并且无法使用，留给机组使用剩下的两个发动机用于控制）？在避免事故的个人中，或者在避免事故的一个体系中，个人英雄主义元素是什么？在本研究中，这似乎是标准，尽管例如哈伯利，沙迪克和泰勒（1986：50）都提出了建议，那些具有成功结果的有惊无险的事件，可能导致机组将来会出现更多无法想象的情况，并相信他们可以侥幸成功。与事故征候争论的难点是：高危处境中的组织必须开发学习文化，通过监测和反馈不断反思他们的做法（皮金和奥利里，2000）。这就需要组织具有灵活性，这回到了一开始的争论——成本/生产和安全之间的拔河比赛。布雷斯韦特（2001）探讨了澳航如何允许他们的机组使用机载模拟器练习。他指出，由此可见，飞行员具有天然的品性想要改善、改进，使自己成为最好的，所以像这种设施的灵活性在组织内可以造成很大的差异。可以这样认为，改善、改进的决心甚至超过了贝蒂（1995）讨论的感觉：安全被视为女性的属性，不鼓励飞行员对此太认真。这会改进这些调查和分析结果的传播，将致力于改善事故率，超越其近 20 年的停滞时期。正如瑞森所言："差错源于信息问题，它们最好的方法是通过改进人的头脑里或在工作场所中的可用信息。"（1997：154）

现代技术的影响

在过去的 20 年左右，自动化对于飞行驾驶舱机组的作用和工作产生了非常显著的影响，但尽管这样，事故水平正如我们所看到的那样，一直保持相对的稳定。随着自动化程度的提高和复杂飞行系统的冗余安全，在文献中飞行员的作用往往被引述成为越来越多的是承担监控的角色，而不是飞机的物理控制角色。事实上，通过增加自动化程序（和可能是鼓励它的一个重大因素），人类行为者在系统中的失误是减少的。然而，这是要付出代价的，差错倾向于更高一级的管理层，因此可以严重得多。目前，还没有足够了解新的"底端精尖"技术和它们对系统的影响问题，与之相比，关注更多的是商业航空制造商的产品中不愿意完全集成和采用人的因素的视角（虽然这可能部分是由于设计倾向于不是制造"新的"，而是从过去的模型中进行"开发"）（哈里斯，2007 和 2009）。

下一节所介绍的一些需要加以解决的问题是，来自学术界的内容能否跨界特别是在商业航空业中得以实现。

人的因素的重要性不会降低，因为系统的可靠性和复杂性增加了。事实上，它是有效地得以增加。伍兹等（1994：181）引用了一家飞机制造商安全总监的说法："你可以纳入你想要在飞机上的所有人体工程学；如果人们不想阅读呈现在他们面前的，这就不会发挥任何作用，并确认他们没有犯差错。"这一观点虽然略显粗糙地描述了人类和人的因素的作用，但它的确强调了以下事实：人类更多的时候往往就成了限制性因素（哈里斯，2006）。扎尔特、伍兹和比林斯（1997）通过描述"替代神话"对这个问题进行了强调，他们认为，简单地用机器替换人来提高系统的安全性，同时保留以前的标准，这是过于简单化和错误的（哈里斯，2006）。相反，替代对于系统以及对于操作者作用的改变，将产生深远的影响。换句话说，机器不能简单地替换人类，而且人类也必须依靠与机器进行互动，以便于更好地执行工作。在任何给定的情况下，在链接的系统中彼此相互影响。这意味着，系统根据功能分配发挥作用，发挥互动的力量则是至关重要的。凡事情失败了，可以说人类在信息传输的点上，而往往不在这种互动的接口面上。

更先进的系统的发展为操作者在系统中带来了新的陷阱。模式差错引起的差错、异常情况的恢复和监测职责等根本都不存在，直到技术创建了这些陷阱和在当代航空运输中集成了这些陷阱。

人机交互问题存在提高模型及理解的复杂性的许多层面，比如，其中有这样一个层面——拉斯马森层面进行过讨论，它试图预测人类将对于新技术做出反应的方式，特别是对于人类工作的自然方面：可能会导致差错或问题的变通之道。伍兹和德克尔还指出，虽然问题的答案不是那么容易被找出来，但是很难研究当前世界的技术和引进新技术的影响。他们认为，这种技术引入有效地改变了所进入的世界；但是，这几乎是自相矛盾的情况，可能通过更加注重预测模型和对于作为一个整体的系统工作和交互进行更好的理解，才能改变这种自相矛盾的情况（图2.7）。

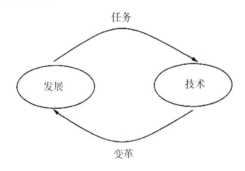

图2.7　技术和任务之间的交互

许多研究报告和论文已经关注到了自动化增加对于飞行员表现的影响，伍兹（2004）为英国民航局进行的评审认为，"飞行机组人员依靠自动化"。从这我们知道，飞行员事实上更加依赖于系统，特别是那些如今变得更可靠的系统。这可以追溯到瑞森所思索的问题：事故的减少将人们的注意力从安全事宜中拉走了；同样地，系统失效情况的减少，把人们引入了安全虚假的幻象中。本文提出的另一个有意思的论点，也是最近经常在航空媒体和学术界（例如，参见艾布特森等，2009）出现的论点，商业飞行员由于过度依赖自动化，是否最终会失去手工飞行技能，就和商业飞行员失去手动飞行技能一样。这一论点也可以举一反三到将在第五章中讨论的通用航空领域。

结论

当前的文献综述已经识别出几个能够对航空事故调查的方法、工具和基础模型进行改进的领域。我们可以看到，整个章节中的许多方法和目前观点背后的主导理论都是来自线性模型，以及多米诺骨牌模型式的研究。然而，最近的发展已经找到了一个令人兴奋的新办法，试图超越任何线性理论。在这个领域中，很多未来的工作必须实施，来细化和磨炼当前具有创新性的方法。

如同在上文所述的，斯坦顿、哈里斯等（2006）认为，航空事故特定的调查模型需要既有可用性，又有灵活性，以应用于事故征候发生的两极化分布情况。他们还讨论了改进和修改当前的技术范围，而不是一定要建立一种全新的方法。

从文献综述中，我们看见已浮出水面的中心问题是：许多当前正在使用中的工具在某些方面运作得很好，但由于它们正在应用的世界比较复杂，经常发现这类工具缺乏很好的运用。这也反映出了一个复杂系统的复杂方法与希望保持一种简单方法之间的平衡问题，这证明，当前许多正在使用的方法是有问题的。

总结

该研究已经确定需要一种方法，它不仅能够处理需要调查的复杂社会技术系统，还能够发展变化，除了被动问题，还能够处理主动问题甚至是采用预测方式。这一章开始通过探索事故调查技术的历史和发展脉络，然后介绍了更复杂的非线性理论，未来这可能会提供进一步的发展。最后，它解决了满足航空业界需要一个合适调查工具的需求。

因此，这本书的目标可以概括如下：本项目的目的是关注自下而上的调查模型的发展。它集中关注于预测建模融入调查的相关领域，因此，我们就可能达到主动调查和减少事故的目标。这一章强调了在当前实践中的重大差距，这包括需要制定一种方法，从定性和定量方法以及充分利用事故征候的积极方面。我们还需要揭示一种方法，可以普遍应用于航空行业中的一般通用航空和商业运输，理解灾难性的以及有惊无险的事件，还有理想情况下的正常工作情况。最重要的是，要求这一种方法可以更好地反映动态的、复杂的现实世界事件，并对此试图得以更充分的理解。这就要求摆脱和远离线性模型，回归到理解"一线端"人的因素的重要性认识。解决这些问题最可行的方式是，开始关注事故调查中更复杂的网络模型的方法，这种新方法将需要包括这些航空事件发生的多因果、非线性系统。

本书的后续章节将识别和应用航空业内的一种新方法论，然后，在和行业合作伙伴使用它之前对这种新模式进行完善和发展。我们希望这项工作将有助于复杂社会技术组织的进展，超越过去完全处于停滞的状态。

第三章 复杂情境下的复杂方法

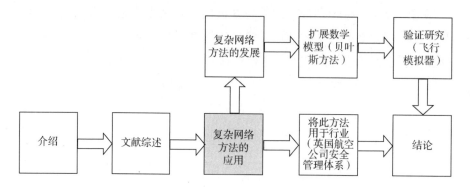

为了真正理解并开始在避免事故发生领域内向前迈进，在这个项目中，重要的是在不失去现实世界动态属性的情况下，将事故原因分解为其组成要素。这不但可以使我们像第二章所讨论的那样，强调造成事故或接近失误的消极因素，同时也使我们有机会开始研究事件的积极因素，以及这些因素是如何避免事态恶化的。

仅仅在一定的情景当中设定一个参与人员完成任务的时间轴，并提出促成要素或对结果（类似"多米诺"式的原因和事件链）有影响的其他因素是不够的。尽管传统航空事故分析历来由因果关系的线性模型（例如，参见海因里希，1931）所主导，但许多事故中因素的复杂性，包括设计复杂程度的提高，使其难以适应简单的"多米诺"模型。即使是当前航空事故调查的"世界标准"，瑞森的瑞士奶酪模型（1990 和 1997），尽管多年以来得到了成功应用，但仍然是被线性方法所局限，无法捕捉到事件链中全部的复杂性，太多地依赖于事后分析（德克尔，2005）。本章采用了更灵活的、非线性的系统空间表示方法，它说明了决策和事件发生的地点，强调了各主体之间的动态相互作用，以及信息传递（通信）在优化复杂系统中的重要作用。

我们对必须已经发现的动态世界进行深入研究：即使是相对简单的航空任务也涉及多个主体（人类或非人类），分散在整个时间和空间中（飞行员、空中交通管制员、飞行管理系统等），为实现同一个目标共同努力，并且具有根据任务输入难以预测的偶发性，因此，这些任务的分析势必需要一个多因素、多元线性和多主体的方法（格里芬、杨和斯坦顿，2007：1）。

系统化团队工作事件分析法

第一个挑战是找到一个适当的方法，把事故和事件分解成他们的组成部分。一个基于复杂系统分析方法的新模型，可以用于航空事故上的分析，而系统化团队工作事件分析法（EAST；斯坦顿、萨蒙和沃克等，2008）似乎是这样一个可以以适当方式分析事件的框架。EAST 最初作为"工具箱"式的人的因素方法被开发了出来，它融合了其他几个发表过的著名的方法以便审查行动者和行动小组的检验，从而获得复杂社会技术系统更加全面的状况。在所有方面都相互关联的情况下，这种多层面的方法有潜力、更全面地表现该系统。对事件发生的系统而不是事件（或该事件中的主体）本身的关注是在第二章中没有进行任何模型尝试的，它可以带来很大的好处。它已经在很多领域中得到了应用，这些领域包括军舰、铁路和军事上的"指挥、控制、通信、计算机和情报"（C4i）情境，所有这些都与航空任务有相似之处。然而，它还没有被应用于事故分析当中。

通过这一新的应用，EAST 可以把因果事件解构成三个主要的网络，并希望通过这样做可以得出结论，并且各层网络之间形成的链接能构建出事故分析的三维模型。EAST 将事件分解为三个主要的网络：任务、社会和信息（图3.1；该方法更详细的描述参见斯坦顿、萨蒙和沃克等，2008）。这种网络分析方法允许以动态的、复杂的方式而不是线性链来对系统进行研究，其中包括"谁"（主体）、"什么"（任务）、"如何"（沟通/团队合作）、"为什么"（知识）、"何时"（按时间轴）和"何处"（通过操作顺序图）。因此，EAST可以详细地考察系统的复杂性，并对网络中的信息流进行全面检查。它制造了一个机会来调查哪里出了问题，特别是从多因的角度来看差错或网络中的薄弱环节可以迁移到其他路径上，最终导致系统故障。这种多因方法与主导文献综述的线性模型形成了全面的对比。这可以使系统和系统事件更自然地拆析，消除了以往方法中许多人为的和过于简化的方面。

为了实现这一点，首先要及时为上述三个网络创建快照，然后经过一段

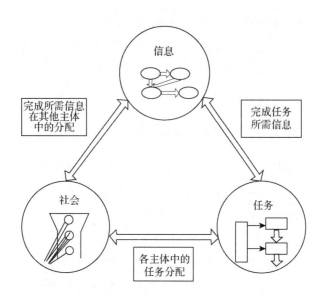

图3.1 任务、社会和信息网络之间的相互关系

资料来源：改编自斯坦顿、萨蒙和沃克等，2008

时间的动画演示，以说明网络中的变化。随着时间的推移，这些变化与每个快照上的网络状态同样有益。

EAST与航空安全中许多为人所熟知的方法一样，比如，站点过渡和激活管理计划（STAMP）、人的因素分析和分类系统（HFACS）（魏格曼和查普尔，2003），相区别的一个主要方面就是它属于非分类法的方法。

显然，这不是说分类方法本身不那么有效或不那么有用；事实上，它们的数量比任何其他形式的模型都要多。然而，EAST试图表现系统"原本的样子"，并寻求消除任何偏离于对认知结构准确表现的风险（雷维尔，2012）。从这一点出发，EAST允许识别决策中产生的问题以及在合适的时间、合适的人能或不能得到的信息，从而集中到情景意识（SA）的概念上。此外，它还引入了团队情景意识的措施（萨蒙等，2008a）。

在航空业中涉及飞行员（即，人的因素问题）的事故中，情景意识经常被用作总的因果关系术语。事实上，一些研究已经得出了结论，具有情景意识，或失去情景意识，是航空事件的主要因素（例如，参见哈特尔、史密斯和普林斯，1991）。然而，情景意识在人的因素中仍然是一个有争议的话题。尽管在个人情景意识方面已开展了很多研究，但对于在复杂系统中个体在团队中如何一起工作、如何共享和分配情景意识方面还有很多内容需要研究

（萨蒙等，2008a；沃克等，2010）。信息网络使得能够进一步了解这一现象，正如巴伯尔（2013）所指出的，网络分析方法与这个概念非常一致。

到目前为止，EAST 还没有被应用到事故分析中来。本书首次将该方法用于描述航空事故案例研究，我们并据此特别探讨未来使用信息网络的可能性。

这项研究的关键在于，网络之间和网络内部（口头和非口头）构成有效行动的基础，从而减少事故或负面事件发生或向错误方向发展的可能性这一理念。在这种假设下，关注的主要网络是知识网络——谁拥有什么知识，以及知识如何在网络上被沟通？

为了评估 EAST 作为航空事故分析方法的适用性，本章接下来的部分描述了一个案例分析。本案例分析为全面回顾 EAST 方法提供了基础，并为它的发展和改善开辟了途径。

凯格沃思空难

这项研究的重点是确定一个适当的案例进行分析。这需要把一个相对简单的因果关系与对导致事故的事件的深入了解平衡起来。由于该项目主要关注事故分析中的人的因素问题，因此，调查机构的报告将这些因素作为对结果有重要影响的因素来报告，而不是仅仅报告飞行器机械或其他方面（当然，这并不排除除人类主体之外所涉及的任何其他因素）。

1989 年 1 月 8 日，一架波音 737 - 400 飞机在莱斯特郡凯格沃思附近的坠毁事件，作为初始应用，被确定为适用于新事故分析技术，特别是因为官方的航空事故调查局的报告中包括了足够的细节以填充网络（包括对机组人员本人的访谈）。因为该飞机第一次采用了新的设计——被称为"玻璃驾驶舱"的仪器化的驾驶舱，作为在飞行员——机器交互方面一次最伟大飞跃而广受欢迎，因此凯格沃思的坠机事件也是一次非常值得注意的事件。

下面的简介摘选自航空事故调查局官方报告［航空器事故报告，No. 4/90（EW/C1095）］。

19 点 52 分，注册号为 G - OBME 的飞机离开了希思罗机场前往贝尔法斯特，机上载有 8 名机组人员和 118 名乘客（包括 1 名婴儿）。当飞机爬升穿越 28300 英尺的高度时，1 号发动机（左）风扇的一个叶片外侧板分离，造成一号发动机出现了一系列的压缩机失速，导致机身抖动，烟气进入驾驶舱，1 号发动机参数出现波动。机组以为 2 号发动机受到了损坏，对 2 号发动机实施收油门动作后，抖动就使得 1 号发动机的喘震停止了，这使机组确信他们正确处理了该紧急情况。然后，他们关闭了 2 号发动机。1 号发动机在经历了初期剧烈抖动，在随后的下降过程中运行明显正常了。

机组人员开始转场飞向东米德兰机场，并从空中交通管制处收到雷达引导，向 27 号跑道进行仪表进近着陆。尽管 1 号发动机振动程度很高，但还是按惯例继续进近，在距跑道 2.4 海里时，该发动机的动力突然下降，随后发出了着火告警。机组重启 2 号发动机未获成功。

这架飞机最初撞到了 M1 高速公路东侧路堤附近的一个场地，然后在高速公路的西侧路堤距跑道约 2 海里的斜坡上遭受到了第二次严重撞击。

39 名乘客在事故中遇难，并且另有 8 名乘客受伤后经抢救无效去世。在其他 79 人中，有 74 人受重伤。

很明显，即使从这样一个简短的事故概要中也可以看出，这一事件与复杂的人的因素问题紧密联系在一起。不仅驾驶舱机组人员参与了这一情况，作为"团队"还扩展到了空中交通管制员、飞行运行人员、客舱机组人员和乘客自己。驾驶舱机组人员在确定是哪个发动机发生损坏后出现了混乱，未能从他们的仪表或客舱机组人员和乘客那里得到正确的信息，他们其中的一些人目睹了损坏的发生。与今天的航空仍然相关的这些众多的因素造成了凯格沃思坠毁事件，尽管过去了很久，但对于网络方法提供的多因素、多主体分析还是不错的选择因素。事实上，由于这一事故发生了很久，事故调查的大量研究已经发表（例如，参见约翰逊、麦卡锡和怀特，1995；内纳德、格雷特黑德和巴克斯特，2004），也包括调查方法和报告本身（例如，约翰逊，1997），这带来了大量需要处理的数据和信息。因此，既然本章的目的是介绍在航空事故中应用的一种方法，而不是试图从事件中推导出新的知识，那么，以前对这一案例进行的调查可以在技术上和结果上进行更多的对比。

数据收集

EAST 方法使用层次任务分析法（HTA）作为从所定义的情景中检索信息的基础。在本研究中，使用了正式的报告，以便可以使用层次任务分析类型的技术来分析报告的文本。然而，作为一项初步研究，本研究决定在宏观层面进行分析，并由作者在 EAST 专家的监督管理下进行分析。该文使用其原始状态来整理网络构建所需的信息。从报告和事件记录（即，文件编制的预先讨论和结论）中，我们可以将情景分解为三个容易辨识的情节快照：

- 意识到问题并立即采取行动。
- 关闭发动机。
- 下降和最后进近。

在临时分开的每个子场景中，本研究建立了任务网络，以便将机上参与人员以及机外涉及的人员（例如，空中交通管制员和飞行运行人员）的行动包括其中。这些任务是根据报告中的报道和作者对飞行阶段的了解确定的，如图 3.2、图 3.3 和图 3.4 所示。

EAST 使用层次任务分析法和收集到的有关方案的其他信息来开发通信使用图和社会网络分析，以说明当时的社会网络。同样，对通过正式报告获得的航空事故调查局誊本进行分析，为三个行动序列（图 3.5、图 3.6、图 3.7）中的每一个构建通信图表（在同一意义上表明了社会设置）。图中的箭头表示各主体之间的通信级别：高、中或低。这些术语以事故数据中记录的互动次数为依据（例如，来自说明驾驶舱机组人员之间互动的报告，或无线电通信方面的事件记录证据），并显示了相关的通信信道和通信级别。

完成对这一航空事件总的系统回顾的第三个网络类似于 EAST 的信息网络。在文献材料（例如，参见奥格登、柯林斯和洛夫特斯，1975）中，有许多关于术语和用于表示认知及其存在与不足的网络的具体使用方面的讨论。因此，阐明认知网络在本方法中所表示的确切含义，以便与通信使用图和上述任务型网络联合工作这一点很重要。为了达到本研究的目的，通信信息网

任务网络1——意识到问题并立即采取行动

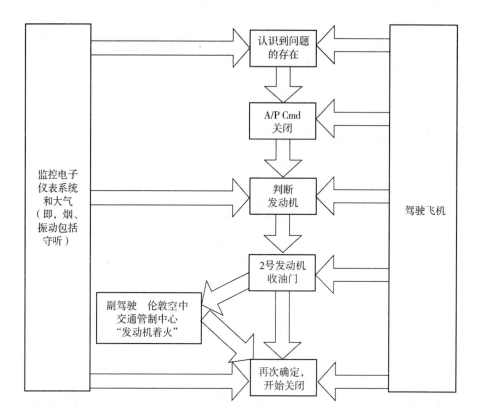

图 3.2　快照 1 中的任务网络

络中的"节点"直接取自航空事故调查局报告中的词语或术语，来代表"可用信息要素"（即，在任何特定时间系统中存在的原始信息），这与在任务分析技术（包括叙述和记录）中的做法相似。与原始的 EAST 方法相比，这些信息要素词汇是以一种新颖的方式来确定的。信息要素节点通过分析报告文本和编制名词样词汇清单［即，那些命名人员、地点或事物的词汇（艾伦，1984）］来填充。

这些要素使用命题术语（例如，"有""显示""引起"或"感觉"），以创建网络。沃克等（2010）发现，在信息网络建设中，这一过程类似于语言学研究中常见的做法。

EAST 方法试图利用三个网络中的每一个网络的结果来创建一个理论上的

任务网络2——关闭发动机

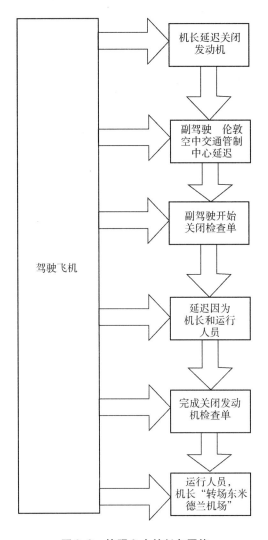

图3.3　快照2中的任务网络

三维互联的网络。然而，为了进一步发展这种方法，在本研究中，通过突出强调那些在任何特定时间（参见萨尔特和伍兹，1991）被任何特定主体、人或机器所"拥有"或激活的信息要素来进一步完善网络。作者根据需要再次在开发 EAST 的团队的指引下浏览了航空事故调查局的文件，并识别了在什么时间节点被某位参与人员提及或与非人类主体相关。本案例中将包括副驾驶在哪提出了着火，这将识别与着火有关的信息要素在意识上的所有权。此外，

任务网络3——下降和最后进近

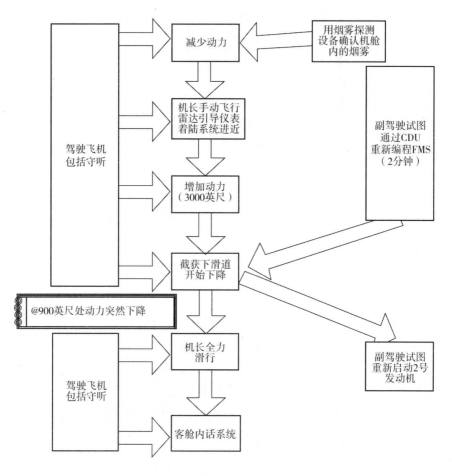

图 3.4　快照 3 中的任务网络

从飞机上的数据记录器可以收集到振动指示器读数和燃油流量等细节信息，由此可以确定飞机系统是否拥有该信息。

该所有权在网络中用颜色表示。通过这种方式，网络使我们能够查看到哪些信息要素能被自觉地拥有，哪些信息要素是被实际拥有的。这使我们能够识别出通信可能发生中断的位置，就是在那个重要信息没有在整个网络中得以共享的地方。本研究的预期目标是：最终向我们展示出可能出现重要问题和错误导致事故或事件发生的位置。

鉴于从航空事故中收集到的信息的性质，过去不可能使用除从事故报告

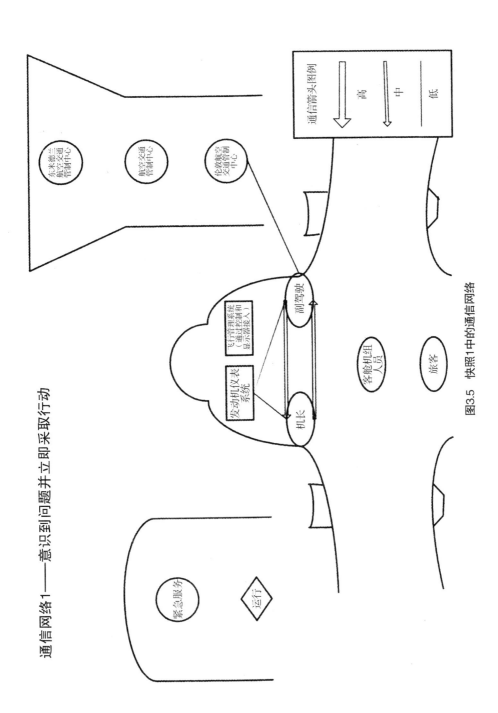

通信网络1——意识到问题并立即采取行动

图3.5 快照1中的通信网络

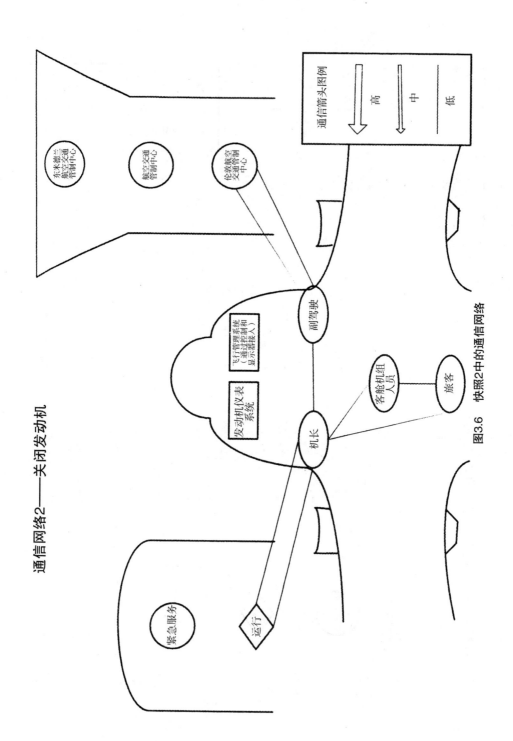

通信网络2——关闭发动机

图3.6 快照2中的通信网络

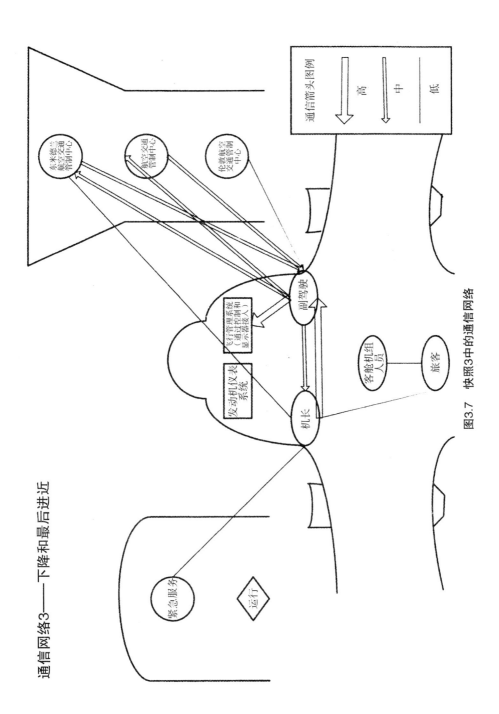

通信网络3——下降和最后进近

图3.7　快照3中的通信网络

中转载的部分内容以外的信息作为主要的信息来源。然而，本方法的建立，可以使分析建立在事件发生时调查人员获得的直接证据上，包括目击者报告、飞行数据记录和机组报告上。

图3.10至图3.12表示了信息在导致了飞机在凯格沃思的坠毁事件（图3.9给出了图例说明）中的三个单独行动任务中的传播。这里提出的信息网络法在传统的EAST方法的基础上有所改进，任务和通信网络要素通过节点所有权的着色方法被包含在其中，这样可以将关注点保留在信息网络上，消除了对同时使用所有三个网络的需要。

图3.8引导读者通过采用五步法创建信息网络。

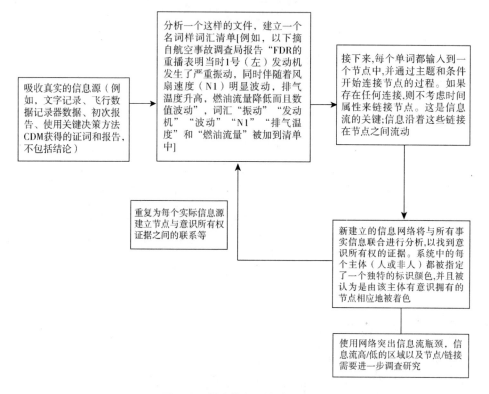

图3.8 创建信息网络的五步法

网络分析

本节开始从已经建立的网络中获取结论。本节的关键是所有权的概念，相链接的两个节点在何处没有共享完全相同的颜色（即由相同主体所拥有），何处就存在信息损失或信息获得的问题，因而需要进一步调查。同样，如果一个节点预期被使用但实际没有被使用（或被拥有），这个地方也是有待进一步调查的。在本章的后面，本书还讨论了时间问题，由于随着时间的推移，网络可以制作成动画（快照或在将来的版本中以理想的方式、连续地放映），节点的颜色（所有权）也发生变化，因此网络之间信息进入系统或离开系统的问题将再次被发现。

图 3.9 用于图 3.10、图 3.11、图 3.12、图 3.14 和图 3.15 的阴影图例

注：图 3.13 是为了提高节点的易读性而没有经过所有权着色的信息网络

每个快照的任务网络说明了在当时的情境中所有参与者采取的行动，是理解运行中的通信和知识传输的参考点。通信网络还有助于将知识元素建立在更广阔的概念中，并允许我们将这些元素在人与机器之间的传输（或不传输）联系起来。特别是，随着工作的进一步开展，将三个网络整合、链接在一起，形成事故序列的网络之间和网络之内的三维网络模型，这两个网络将显示出其重要性。

本书的这一阶段特别关注的网络是信息要素网络。在任何特定时间存在和"拥有"的信息要素都是立即可见的，甚至是在对事件没有详细了解的情况下。这本身对事故调查就是一种新方法，这种新方法表明了做出决定和采取导致事件被报告的行动的信息空间。它可以对网络形成的特定时间进行正面的观察，通过对一系列网络的比较，显示出通信、任务，特别重要的是，系统内意识信息随时间的各种变化。该分析强调了人与机器主体之间的通信在哪些方面为事件提供了支撑，也就是说，哪些信息要素在正确的时间对关键主体存在或不存在。

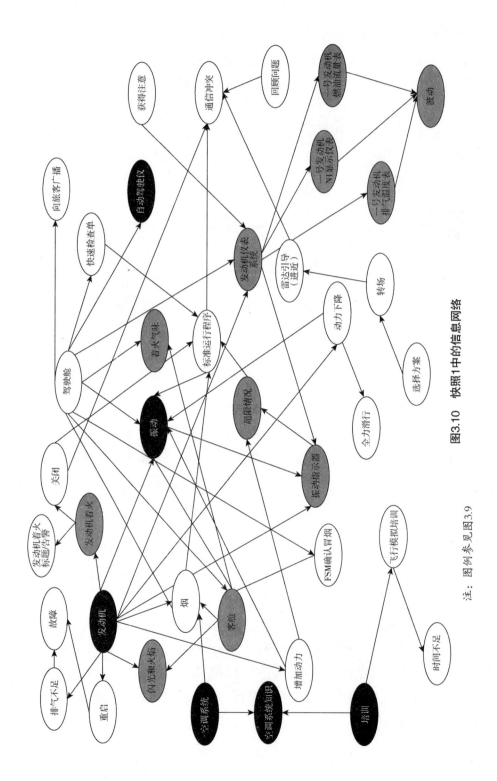

图3.10 快照1中的信息网络

注：图例参见图3.9

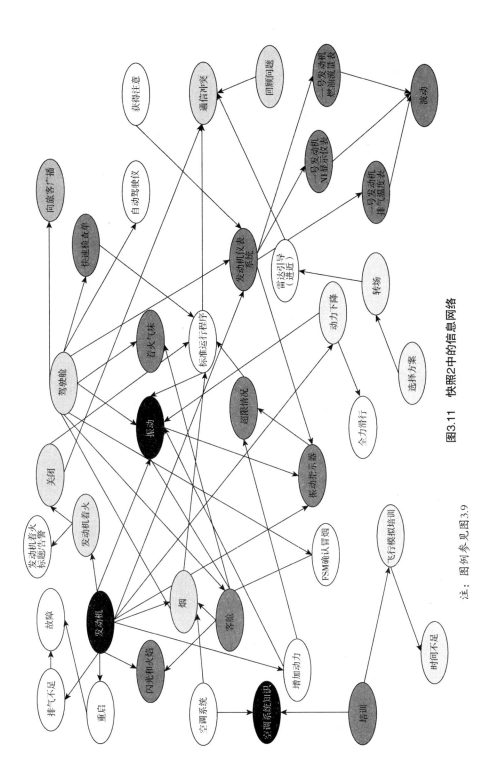

图3.11　快照2中的信息网络

注：图例参见图3.9

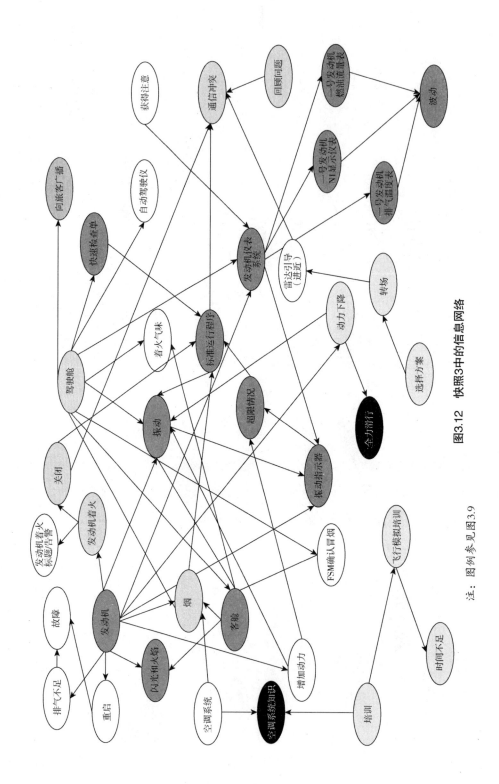

图3.12 快照3中的信息网络

注：图例参见图3.9

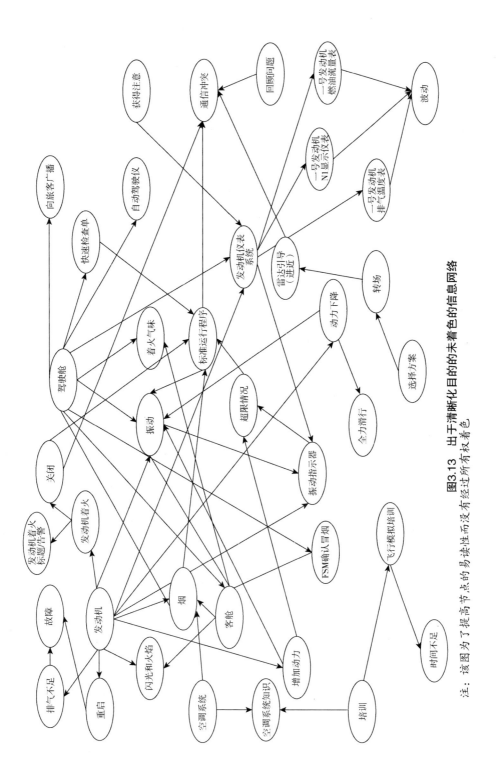

图3.13 出于清晰目的的未着色的信息网络

注：该图为了提高节点的易读性而没有经过所有权着色

　　程式化的网络图表立即使调查人员注意到，在事件发生的任何时间，相关信息对某一特定主体是存在的或是缺失的。例如，以整个网络中的"振动指示器"（图 3.14）这一节点为例，与指示器（如"振动"和"发动机"）相连的信息要素对飞机上的所有主体都是存在的。但是，只有发动机仪表系统（EIS）拥有这一重要节点的所有权，因此，通信系统没有有效地将信息传递给飞行员和副驾驶。该认知网络中的其他节点和链接也是如此。在这一点上，重新审视信息网络中的所有权概念可能是恰当的。EAST 方法的一个关键基础是它不区分人类主体和非人类主体，因为，这二者都是复杂系统内信息流的关键。在人类主体中，当某个人意识到了系统内的一条信息的时候，就说他拥有了这条信息。对非人类主体来说，该定义在意义上需要稍微灵活一点。就发动机仪表系统来说，发动机参数是通过机载振动监视器接收的，监视器分析这些参数并将其转换为可显示读数。在某种意义上来说，"振动水平"信息被记录，并通过发动机仪表系统在振动测量仪上显示出来，就可以认为发动机仪表系统拥有该信息的所有权，此信息在系统中拥有（呈现并是正确的）并被显示。

　　因此，简单地看这个网络结构，我们可以推断出通信系统没有使驾驶舱机组人员意识到振动指示器，该推断突出说明了这个节点可能对结果是有影响的。这本身凸显了设计失败的一个新的例证和方法，同时也强调了在什么地方需要进一步调查以评估对这一情况的管理。

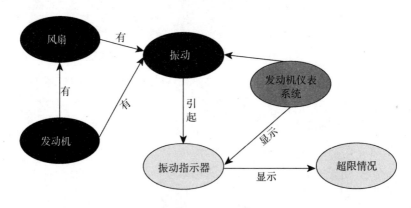

图 3.14　"振动指示器"周围节点的细节

注：图例参见图 3.9

　　更进一步来看，在网络的另一端（图 3.15），我们可以看到，机长和副驾驶都拥有发动机仪表［排气温度（EGT）、N1 风扇转速、燃油流量］信息节点。然而，两名飞行员都没拥有"波动"这个信息节点；即，他们在任何时候都不承认这些测量仪表中的数值有波动，尽管他们回忆说看过这些仪表及大概的数值。

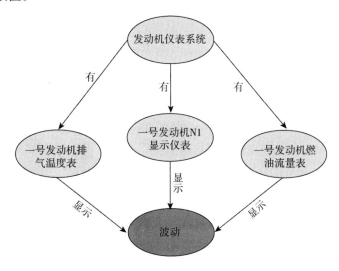

图 3.15　"波动"周围节点的细节

注：图例参见图 3.9

我们可以看到，无论是机长还是副驾驶都没有自觉地意识到振动指示器或发动机仪表所显示出的高度振动。从仪表到驾驶舱机组人员的信息通信已成为网络中的一个重要问题，同样地，这也是造成这一事故的潜在影响因素。

可以对这些结果进行更加深入的研究。对于设计人员来说，重要的是不仅要为其提供何时系统出现故障的信息，而且还要为其提供如何发生、为什么发生的信息以及任何涉及或可以包含进去的风险管理要素信息。即，仅仅强调一个问题是不够的，还有必要为降低风险提供一些选择方案。EAST 网络使我们能够确定系统设计元素在什么地方可能成为错误事件的主要原因——是通过技术设计的机器还是经过培训的人类。从分析中摘录的以下内容不仅突出显示了例子中的错误是什么，还着眼于网络的相互作用以便理解为什么。

从 20：05：05（振动开始）直到 20：05：31，机长拥有节点"振动"（如果不是"振动指示器"的话），并且知道某台发动机明显出了问题，尽管不确定出了什么问题及是哪一台出了问题。在这段时间内，通过一步一步地观察不同时段的信息网络可以看出，直到 20：05：31 或之后，机长不曾拥有节点"发动机着火"所传递来的信息，也不曾拥有节点"关闭发动机"所传递的信息。这个时候，副驾驶在无线电通信中使用"看起来像一台发动机着火了"的措辞与伦敦航空交通管制中心（航空事故调查局，1990：附录4）进行沟通。通过查看相应的通信图表，我们可以看到，尽管没有通常的提示线索（如着火的可视告警或响铃），但这使得机长做出了发动机起火的假设。因此，在后面的网络中，机长拥有了"发动机着火"和"关闭发动机"两个节点的所有权（图3.16）。

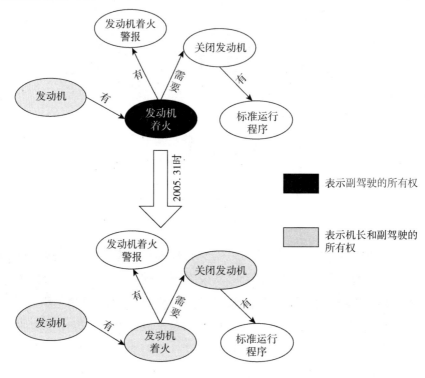

图 3.16　驾驶舱中信息错误地传递

这个例子粗略地说明了飞行员和副驾驶信息网络之间的联系。我们能够应用信号检测理论的术语（表3.1；格林和斯威兹，1966）全面描述决策时系统的状况以及后面采取许多错误行动所基于的假告警。这种通信失效的情况不同于上述以发动机仪表波动为中心的例子。与前面例子中正确信息没有成功通过的情况相反，错误信息成功通过导致了错误的告警，所有这些情况都对系统产生了影响，因此对结果产生了作用。这些例子可以引导人们对某一事件的具体要素进行进一步的研究，并使人们加强理解，例如，在这个特定的例子中可能出现潜在的预期问题。这样，该方法不仅关注事件的显性问题，而且还躲避隐性因素。

表 3.1　信号检测种类

	反应"缺失"（实施振动检查单行动）	反应"存在"（实施发动机着火行动）
刺激存在（发动机着火的听觉和视觉告警）	失误	成功
刺激不存在（没出现发动机着火的听觉和视觉告警）	正确否定	错误告警

资料来源：改编自格林和斯威兹，1966

在事件分析中使用这些信息网络，可以为设计者建立起更清晰的图像，突出显示那些涉及的比正常程度高的混乱、通信、杂波或工作负荷的时间或设备部件。看来，系统内存在或使用的信息节点越多，涉及的吸收和"拥有"信息的工作负荷就越高。对这些信息瓶颈或频繁沟通活动领域的图形化描述，使得更加容易解释和识别系统故障的风险因素。

在"发动机着火"的具体例子中，我们从两个飞行员的信息网络中可以看到，机长没有这一信息的所有权，直到副驾驶把他的（错误的）对节点的所有权传递给管制员，这时机长也接受了它。这极其清楚地说明了，在识别情景意识是如何在整个系统中传播的过程中，这些网络模型之间的相关性。尽管对于系统来说，这是一个负面的（错误的告警）事件，但这个实例描述了如何在并非所有主体都拥有相同的信息（节点）的情况下，该信息成了团队的情景意识（萨蒙、斯坦顿和沃克，2008a）。甚至，在所有的团队成员都拥有相同信息的情况下，例如，每个人从这些信息中得出的结论也可能是独一无二的，因而造成了行为上的差异，特别是在与过去经验和期望以及个体之间的固有偏见相联系的情况下（斯坦顿、萨蒙和哈里斯等，2009；普兰特和斯坦顿，2012；纳维尔和斯坦顿，2012）。

进一步研究的意义和限制

在事故因果关系调查中，这一新方法的最终目的是将单独的网络联系起来，利用它们之间的相互作用来审视系统事件，并形成可能的前瞻性分析。

因此，这项初步研究只是开始着手必须解决的问题，以便建立起一个充分有效的模型，并完善其概略内容。

值得注意的是，没有全面的事故记录文字可供研究（当然，报告中包含了重要的部分），因此，如有可能，可以进行更多的工作来验证和利用通信（社会）网络，从而寻找一个将三个网络集成为一个三维模型的方法。当然，这是进一步发展建模方法和技术的奋斗目标。从官方事故报告文件中生成一个案例研究也存在相关的局限性。凯格沃思事故是一个复杂的事件，调查工作同样也不比这简单。虽然正如上文所说的那样，有理由认为，对官方事故报告的结论的一些验证来自类似的相关结论，但从本质上来说，这可能是周期性的。然而，也可以看出，应用新方法与经过非常深入的调查同样得出了相同的结论，这是该模型不可分割的一部分。除了这个验证工作，本章也是一个可行性测试。尽管不一定会有新的发现或教训，但它确实展示了一种新的方法。本书第四章进一步探讨了新的发现及其应用，而随后的章节则讨论了方法的可预测性和应用。

这个新方法带来的是一个调查事故的形式化的方法，无论是来自第一手的信息（而且，是事件发生后立即得到的信息）、第二手的数据，甚或是只要可以创建信息网络的可预测的数据要素。该方法的网络观点消除了对用于调查和事件讨论占主导的线性时间轴方法的依赖。这些网络表明，如果没有更多，也可以显示相同数量的信息，而信息处理的节点和路线之间的关系则更清楚。这种方法首次真正地以通信（信息流）主题为中心，用它作为对事件，更重要的是，对事件发生的整个系统进行分析和描述的基础。这种方法在调查中较少地引入人为界线，并且为识别和外界明显不同的通信渠道或信息流提供了一种可能性。该方法要求调查人员追踪更广泛的系统，因为节点建立、反映并引导面向更广泛系统的分析链接，从这个角度来看，这种非线性的方法也阻止了有偏见的调查。正如所预期的，这形成了更全面的事故分析。可以看出，对于这一形式化的方法（约翰逊、麦卡锡和怀特，1995），网络还会继续消除结论中的个别错误。网络可以发现在何处正确的主体在正确的时间未能获得正确的信息，可以发现系统事件的系统故障。

用户之间的方法的可重复性和可用性需要做进一步的研究。在基本层面上，此方法通过后续章节中用于填充网络的主源数据应用于现场事故（事件）中。此外，这种方法多以事故调查的人类工程学原理为基础，通过对该领域经过充分测试的类似的方法进行研究，并在系统模型内有效地纳入更多的技术（或硬件），如故障树和风险评估工具。

层次任务分析法类型的技术可以被开发和利用来分析报告的文本，或发生事故后用于情境分析。这种技术也可以用于前瞻性分析的情况，在这种情况下，知识要素的沟通非常重要。在这项研究中，由于调查的宏观性质和一些限制，还有无法获得的完整文字记录等以供查阅，所以，如 EAST 规定的那样，没有必要使用层次任务分析法。

在这种方法的实际应用中，可以使用关键决策方法进行事件的访谈等，这已被航空事故调查局的调查小组有效地实施了，以便获得机组成员的陈述供报告使用。我们还需要进一步开展工作，将组织结构的要素纳入网络，进而纳入模型。这项工作可能是隐含的，即在通信故障中隐含的是一个要处理的组织问题；明确地来说，或包含于组织节点中，从而被实际纳入模型。

小结

本章讨论了信息网络作为一种更全面地理解复杂事件的方法的新应用。该方法改善了对系统内（由所有节点表示）信息、已为人类主体（非人类主体，如发动机仪表系统拥有的信息）所获得的信息以及各主体（即，已拥有的节点）自觉接受和处理的信息的说明和分析。通过这种方式，我们不仅可以研究系统内的通信和信息，还能研究情景意识的概念，包括个人和团队（萨蒙、斯坦顿和沃克，2008a）。这一概念在第四章中做了进一步的讨论。

第二章重点介绍了当前事故分析模型资源库的不足。在该领域中，人为的线性链模型，连同许多主观分类技术占主导的情况均需要改变。目前，模型中差距的核心是需要更充分地了解事件发生的系统，而不仅仅是事件本身。为了开始消除这些差距，本章建立了信息网络，以纳入所有权要素，并以事件的基础——通信（信息的传递）这一主题为中心。本章结论的核心是，这种将信息网络应用于航空事故的新方法在几个小时的案头工作中取得的结果，与若干个机构花几个月的时间［例如，参见百纳德、格莱特黑德和百斯特（2004）和早些时候提到的约翰逊、麦卡锡和怀特（1995）］而进行的引人注目的全面调查得到的结果非常相似。通过使用网络图来突出调查感兴趣的各个节点，可以得出与官方调查类似的结论。这不是一个负面的事情，因为本章的目的就是评估将新方法应用于航空事故的有效性，有效性已经得以展示。也许有人会提出质疑：没有改进目前的方法。因为这是第四章网络的量化及相关的情景意识要涉及的。本章只是构建了本书工作的轮廓。

贯穿始终的关键是从线性链模型向更具动态性和复杂性的方向前进，以保持系统的本质，反映信息的流动和突破存在的瓶颈。

第四章研究了定量量化过程的方法以及使用合适的度量标准的可能途径。

第五章建立了量化理论，以便利用这个复杂系统模型的潜力。

第四章　研究的发展

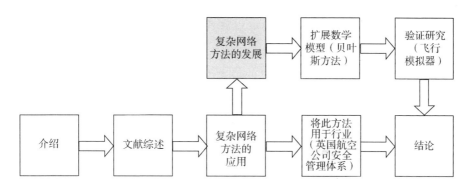

第三章将新颖的信息网络方法用于航空案例研究。首先，该方法让通信集中化成为航空事故的一个主题；其次，这个方法的应用得到了很多积极的成果，包括改进系统的可视化和避免事件的线性分解。

本章将从信息网络方法中提取更多的细节，并与"理想"场景进行综合比较。此外，第四章延续第三章的工作，开始发展此方法，并试图将其过程具体化。首先，本章将讨论非事故场景，将其作为与第三章事故网络对比的基准；其次，对定量方法进行讨论和评价，并研究将定量方法整合到信息网络模型中。本章使用了社会网络分析法，在对其他方法和度量结果进行评价之前，将其作为第五章如何推进工作的结论。

通信集中化的重要性

系统化团队工作事件分析法（EAST），在确定信息没有在正确的时间被有效传递到正确的人的这一个点上，可以比其前置任务提供更多定性信息，也就是说，在这一个点上人们所掌握的知识并不充分。该方法的基础是真正的系统和整体分析工具，它提供了新的方法，围绕系统的所有方面，而不只是孤立的设计或人的因素。由此，该方法给出了设计与开发系统（例如，增加相关显著性）、训练程序（例如，第三章讨论的凯格沃思事件中有限的改装训练的影响）和对设计阶段的反馈的多种方法，以让信息更加显著，因此改进信息传递。网络通过系统展示信息传播的能力，显然支持此方法在情景意识（SA），特别是团队情景意识（萨蒙等，2008a）研究中的应用。网络的整体使用，可以帮助人们理解开发培训或设计的分散式情景意识（DSA），这是把情景意识不只用作事故起因标签的重要一步，并开始处理此区域人的因素领域的需求（萨蒙等，2008b）。这本身就是事故调查和展示信息空间的一个新颖的方法，该方法在此信息空间里决策并采取行动，因此将通信的构想集中到任何分散并复杂的任务中。

如果进一步在网络中考虑信息的显著性就会发现，很显然，在"理想"的情况下应有的但是在真实事件中没有的特定节点，可以被描述为不够显著，相关主体就不会有意识地锁定它们。如果把系统改进看作类似关键信息显著性的改进，那么，这些网络就可以从任何事后分析中得到大量的观察数据，可以很容易地凸显那些需要增加显著性的区域，以便抵消可能的通信故障，反过来，这些故障可以指向或凸显设计相关的问题。因此，此方法有可以让"理想"网络整合进来的空间，可以对一个事件或系统的研究获得更深的理解。此外，在处理与其他网络之间的连接和在其中进一步发展之前，本章重申了在此网络中显著节点和网络内连接的重要性。回到对此方法目前为止已有的总结中来看，很明显，与新颖的工作的重要不同之一是，它专注于将通信作为所有事件的一个原因。

通信对于众多领域中的风险（包括航空，例如吉普森等，2006）来说是一个主要的影响因素，目前很多工作都承认了这一点。一般认为，通信故障可以被视为所有航空器事故和事故征候的基础。不论通信是以何种方式进行的，机—机、人—机或者人—人，全部都基于多主体之间的信息通道。在目前的分析中，至关重要的是，我们不区别系统中的人主体和非人主体，以便理解通信的影响。确实，很显然，这些复杂领域中涉及的人是用该方式（斯坦顿和斯图尔特等，2006）观察整个系统的。因此，优化通信对管理复杂系统中的风险是至关重要的；反过来，界面和通信渠道的设计对避免使用中可能发生的故障是很重要的。卡瓦略和维达尔（2007）讨论了主体在复杂系统中是如何通过自然决策机制经常借助启发式方法来指导决策的，讨论了模糊通信（在本章中人主体与非人主体之间）是如何经常导致不完整的情景意识的。通过将通信作为系统空间（表4.1）的关键要素，此方法如凯格沃思案例研究（参见第三章第2部分）一样，可以识别信息显著性需要提高以便管理主体决策过程的区域。

表 4.1　系统通信的分类举例

从/到	人	机	工作辅助
人	语音、手写字条	键盘、鼠标	手写、录音
机	显示	数据	不适用
工作辅助	检查单、程序	不适用	不适用

在此研究中，基于复杂系统的网络模型的新方法论，已经首次被应用于航空事故调查，以便说明事故征候的完整致因，并试图确定系统故障中涉及的复杂因素。尽管 EAST 最早是作为全面改进系统性能的一个定量工具进行开发的，但它确实给出了详细分析一个事故征候的空间和暂时发展的可能性。这些网络让人们看到预防事故有了一条新的途径，关注整个系统而不是孤立的任何一个部分。

单独的情景意识通常是事故分析中关注的焦点，但是我们可以看出，任何主体（例如，飞行员）只是更广泛系统的一小部分，通过连续的信息交换与其他主体相互支持。关于单独的情景意识模型，在文献中一直有争议，团队情景意识已经开始引起人类工程学家们的注意。团队情景意识的复杂性是组合单独的情景意识以外的一个概念，它在整个领域中的工作是很明确的。但是，斯坦顿、斯图尔特等（2006）和沃克等（2010）引入了一个概念，在这个概念里，所有相关信息都在系统里，所有个人对信息可能有不一样的看法，所以要开发兼容的情景意识而不是共享的情景意识。因此，获得系统中存在的所有信息，是此工作的核心，并且发展了对事故场景中分散式情景意识（DSA）的理解。

将信息网络用于航空事故可以对信息空间进行更清楚的展示和理解，进而可以在此空间进行决策和各主体的互动。这样，信息网络就提供了一种研究设置和个体行为原因的改进方法，这一点已在文献中（李等，2009）被强调为是一个重要问题。拉图尔（1991）使用网络来定义社会技术系统中与事故征候相关的"行为体"，并建议一旦其描述充分就给出解释。在本章中已经引入到航空事故分析的网络，认为应以一种更客观的方式，描述一个情景到达这个充分点，而不是试图解释一个事故。很显然，它在情景没达到"理想"状态的地方出现并工作，这样对系统就有了彻底的理解。

通过使用信息网络分析事件，我们能突出强调语言通信的特别实例，就如机长和副驾之间的"发动机着火"节点的错误信息通道。语言通信在文献中一直被讨论，对其在团队或复杂情景中的重要性是无须争议的。确实如此，以至于在美国航空航天局的航空安全报告系统（ASRS，是一个保密的自愿报告项目）最初的 28000 个报告中，其 70% 是与通信有关的（康奈尔，1995）。除此以外，网络让我们可以识别和处理这些实例，非语言或非人—人通信（例如，显示器给飞行员的信息通道）在影响复杂系统中的团队合作和团队情景意识方面发挥着重要作用，不论这种作用是否定的还是肯定的。

最重要的是，我们现在可以专注于整个系统中的信息流，并强调在任何时候发生或应该发生的通信。通过分析这些网络、专注于信息通信和强调重要节点与节点间的显著的进一步发展，此应用会让设计者获得更好的反馈，知道系统可能在哪里会发生故障、什么故障、如何发生以及为什么会发生。这就会告知设计者如何改进主体之间的互动，尤其是工作量峰值的时间点。

信息网络及其对于分散式情景意识的相关研究，作为缓解风险的一种方法，不仅通过设计过程（关注于设备），而且将其与培训（人）和任务（当前工作）进行平衡，为系统环境中的信息流提供新形式的反馈核心。事故调查报告经常被批评为太空泛，且"不是主要直接给设计者使用的"（布鲁斯伯格等，2002）。通过将信息空间可视化，此方法让研究范围专注于选定的通信区域和信息传递。空间缩小后，当识别到通信瓶颈或信息流焦点时，我们可以将通信分类学或社会理论应用到搜索深层次的问题上去。在方法论（如EAST）推动信息流故障的研究与引导的地方，可以将人的认知模型（例如，自然决策模型或效率完全性交换（ETTO），霍尔纳格，2004）应用到那些特定互动活动中。这些应用就可以处理那些围绕总体目标（卡瓦略等，2009）的社会、心理、文化和监管方面的问题，这些问题常被用来研究，但是这些模型的辅助作用有助于更好地指导对重要因素的搜索。

不同于目前使用的其他框架，此方法和模型不是专门针对差错分类的。对于近年来大多数的模型来说，这一模型是比较特别的，它允许强调和研究情景中无论是肯定还是否定的问题。在对特定情景的一个分析中发现肯定链接的地方是很显然的，这可能对在类似条件下的一个不同的情景有用。另外，随着模型的发展，希望那些帮助预防或纠正否定事件的行为和链接可以变为显著的因素，并能用于其他类似的情景。

　　使用这些网络模型来调查事故征候和事故，并不是损坏或替换很多人在风险情景中［例如，在行为级别更大的研究中（班尼特，2004）］采用的整体方法。使用网络进行描述和理解系统，有助于将调查过程中的关注点集中到找出发生了什么，然后要进一步研究以便理解原因是什么。这样一来，网络系统就开始攻击航空业内部的发展属性以完全避免事故征候调查中的"一线"现象，进而有利于专注于对因素的上层搜索。相反，这一方法指导调查从一线向上，同时给过程增加很多客观性。

　　在第二章中讨论过，事故调查（及其模型与方法）已经可以从完全处理主动因素转向把关注点更多地放到那些潜在的问题上，对此可能的解释是害怕被责备。但是，此方法重新评估了实现完全调查主动因素可能性的偏离情况，并通过仔细分析情景而不是考虑与故障相关的（例如，一个复杂网络系统在某点的通信故障不能归因于一个人）指责需要，给出了一个调查主动故障的方法。此方法让我们专注于真实事件而且不会由于事件被卷入航空公司安全健康的全面审计中去。但是，这不是说潜在的因素不重要。此模型还指导和限制事故调查；通过创建情景的网络系统，调查人员被限制在事故本身范围之内（这可以包括潜在因素和社会组织因素），我们认为这对事故调查的过程是有益的。如果这些网络模型按时间顺序做成动画，那么，调查人员或相关人员就可以在保留非线性网络方法的动态的和复杂属性的同时，得到事件的故事脚本。

　　到目前为止，本书已经确定了对事故发展很重要的特定节点，增加了对系统内信息流和情景意识的理解。在本书中反复出现的一个核心主题是，我们需要对正常的和异常的情景进行更好的理解，而同时不能忽略整个系统。因此，本章其余部分的内容将目前讨论的问题联系在一起，合并"理想"的事件，以便引出差异，并对负面结果的事件有更好的理解。

"理想化"网络系统的扩展

　　本研究与情景意识相关的首要任务是，需要客观地来认识节点的重要性。

对凯格沃思空难的分析凸显了此事件中人与非人因素之间的通信方面的内容。仅仅从航空事故调查部门报告（英国航空事故调查局，1990）的叙述和文字记录中的客观信息建立起来的这些网络模型，我们就可以从全部结果中看出，使用这种方法可以得到非常相似的结论。既然已经确定了事故的一些关键影响因素，那么，下一步就是改进这些标准方法，并研究更全面地发展此方法的可能性。

为了进一步明确信息流的问题，我们建立了一系列非事故场景网络，这些网络可以与事故场景网络进行比较。下文开始来阐述此过程的细节。

这些"理想的"网络系统（例如，参见图 4.1）是基于在正式报告中得到的公司运行程序和检查单的信息。作者参考波音 737 标准运行程序、英国航空事故调查局的报告（包括 737 飞行员的快速检查单的摘录）、同等资质飞行员的观察和当时飞机上的检查单，建立了一系列"理想的"任务、通信和信息网络。创建信息网络的方法反映了第三章中真实事件的相同过程。对应急检查单和快速检查单与标准运行程序的相关页进行分析而建立出节点。可以预想到，这些建立起来的节点可以与实际分析中确定的那些节点进行比较，但是每个节点的所有权都是根据工作类型、通信实践和文献中叙述的各种检查得来的，而不仅仅是根据英国航空事故调查局的报告。下面给出摘录自英国航空事故调查局正式报告的范例，关于英伦航空公司 737 快速检查单中的训练：

> "发动机高振动"的定义是，振动指示器的读数超过 4.0 单位，并伴有可感知的机体振动的情况。引入以下程序：
>
> 收油门。
>
> 如果飞行条件允许，降低 N1 的水平，使得机载振动监控仪的读数维持在 4.0 单位以下。
>
> 注：不需要关闭发动机，因为机载振动监控指示会随着推力的减小而降低。如果收油门时，机载振动监控仪指示不降低，那么表明可能有其他发动机问题。（英国航空事故调查局，1990）

此训练会用图 3.1 给出的方法进行评估和推测。这些推测的例子可能是，假设在此训练的情景下，副驾驶和机长都不应有意识地拥有"关闭发动机"

节点的所有权，考虑到此注释，这是一个"理想"世界中不必要的行动。相反地，副驾驶和机长都应有意识地拥有"快速检查单"节点，因为在这样的训练中他们应参考它。

虽然是非正式地，作者（一名资深的商业飞行员）也与两位现任波音737飞行员一起验证了网络系统的作用，以确保没有偏离事实报告和飞行员文献明显的错误或推测。这还用来克服任何模棱两可，关于节点的有意识所有权、谁应该在什么时候获得什么信息的缺点。详述异常实践中应采取什么步骤、获得什么样的信息以及何时采取什么行动的这一方法，是航空业中的标准应用，也是训练与飞行的基础。在今后的使用中，监管机构或者进行事件或系统分析的公司将能够叙述"理想的"场景，因为他们已经处理了快速检查单和标准运行程序以及其他他们已经发表和改编的文献。

通过比较任务与通信网络系统，并把研究结果强行发布于信息网络上，我们可以看到，通信链接被添加在哪里或者在哪里丢失。这样，就可以确定错误信息、错误报警或丢失的知识对象进入系统的可能路径。但是，最明显的差异是在信息网络中才看得见的。在我们的例子中，对理想场景与事故场景的比较揭示了"振动指示器"节点在除发动机仪表系统以外应由副驾驶和机长拥有，然而，事实上，它仅由发动机仪表系统拥有。这支持了英国航空事故调查局报告的主要结论之一，在驾驶舱里可以获得信息显示1号发动机有问题，如果这个信息被有效地传递给了飞行机组，那么就可以避免关闭错误的发动机。在这个阶段很重要的任务是，强调此研究的目的绝不是把任何事件归咎于任何个人或系统组件，而是理解 EAST 分析在哪里给出了更多的定性信息。这就是在确认，信息没有在正确的时间，知识不够充分的地方，有效地传递到正确的人。从这里我们就可以给出设计和开发系统与培训程序的方法，以使信息更充分（或通信渠道更强），并因此改进信息传递。从未来的角度来说，希望此方法可以最终为我们展示可能导致事故或事故征候的主要问题在哪里而不必发生不利事件。

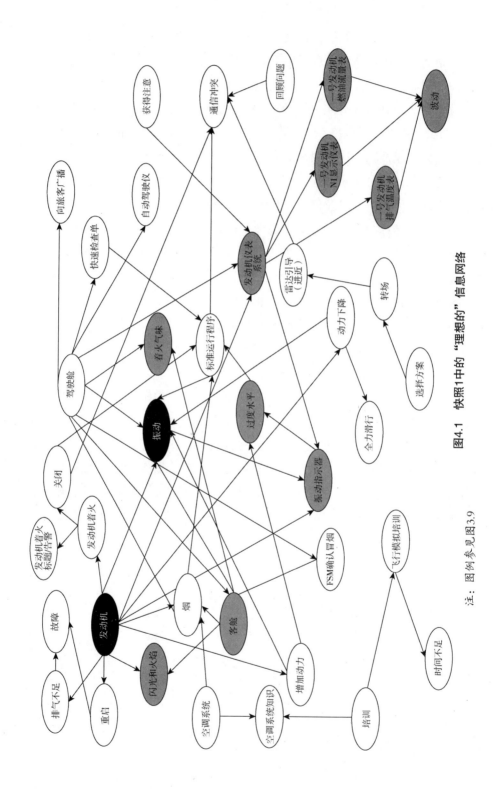

图4.1 快照1中的"理想的"信息网络

注：图例参见图3.9

　　通过完全比较真实和"理想的"网络系统，并去掉那些两种网络系统都拥有的节点和意识因素，我们可以推测余下的知识因素会影响情景的结果、决策和采取的行动（图 4.2）。因为这些节点是"真实的"和"理想的"场景之间的差异，所以，它们一定会对结果事件有一些影响，无论是否定的还是肯定的。包括"标准运行程序""快速检查单""振动指示器"和"波动"（在相关的发动机仪表中）这些因素，由于在比较中与采取的决策因素（全部在图 4.2 中展示）相关，所以都被高度关注。这些节点可能被描述为信号检测术语，如"错误报警"或"失误"。通过按时间顺序把这些节点做成动画来展示暂时的所有权，就可以用一种新颖的方式显示场景中的信息的故事脚本（及通信与任务），而且在一个循序渐进的方法中进行研究，此方法可以概述系统的复杂性，并且不把动态现实分解成人工线性链，以及模型目标的关键。

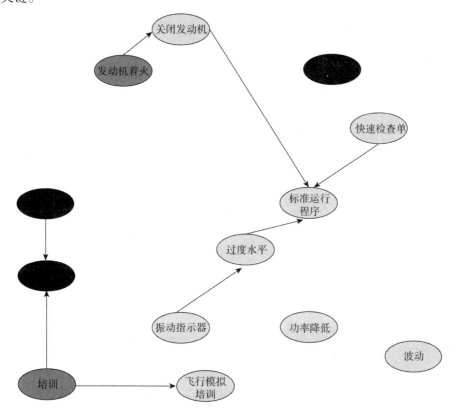

图 4.2　快照 1 显示只有留下的节点包含真实的与"理想的"场景之间的差异

注：图例参见图 3.9

图 4.3 用简化的方式展示了通过对比前面图 3.14 建立的"理想的"场景与真实的场景的一部分快照。通过比较任务与通信网络，可以看到通信链接被添加在哪里或者在哪里丢失。通过该比较，我们可以看到，与理想的结果相比，在真实的事件中信息在哪里遇到了瓶颈，或相反地，变得过于显著，这是任何系统设计的核心问题。使用这个方法，我们可以确定错误信息、错误报警或丢失的信息对象进入系统的可能路径。通过比较真实的与"理想的"场景，我们可以看出，在"理想的"情景中，副驾驶不会在无线电通信中提到发动机起火，因为在他的信息网络中没有出现对此假设的预兆。或者，另一个"理想的"结果是，副驾驶会使用相同的术语，但是机长接受了系统中出现的此信息以回应此理论。

正如之前所讨论过的，系统中"振动指示器"的重要性应反映在此新的分析中，因为这是"理想的"与真实的比较之中的核心重要节点。在英国航空事故调查局的正式报告中，其得出的结论是，所有的这些因素，特别是"振动指示器"，对事故的发生是很重要的。正如之前所讨论过的，对于使用新工具进行事故分析，保持结论依然积极有效，以及确保系统设计关联性的清晰度方面，外部验证是非常重要的一点。此外，这些网络模型给其他场景的预期分析提供了一个平台，这个想法在本书后面通过考虑"理想的"与真实的建模得以体现。但是，这个验证的想法并不是说，如果英国航空事故调查局今天调查一个相同的事故，那么就会得出相同的结论。调查的方法、工具甚至态度已经发生了改变，而且随着我们在提高安全领域里的发展，还会继续改变（艾耶克，2002）。但是，可能会有人认为，尽管细节、重点和范围随着时间会改变，不过结论的核心参数会保持有效。更重要的是，这里给出的信息网络方法在一定程度上去除了与第二章中讨论的一些线性模型相关的主观性，这就增加了重现的可能性。英国航空事故调查局建议，如果机组"按兵不动"，并且花时间参考他们的运行程序与检查单，而且从发动机指示器读数上完全吸收此信息，那么事故就有可能被避免。在异常场景、高工作量的条件下，理解出现差错的可能性会增加，而且可预见到的飞行员的记忆力是有限的，这是一个特别重要的结论（莫里斯和梁，2006）。这仅仅是表面的现象，此报告继续解释，在从波音 737 - 300 变为 - 400 的情况下，改装训练很有限，因此仪表设计的改变会引起通信故障（旧机型的振动指示器是不可靠的，仪表会加剧此情况，但是 - 400 并非如此）。这并不是说设计本身是

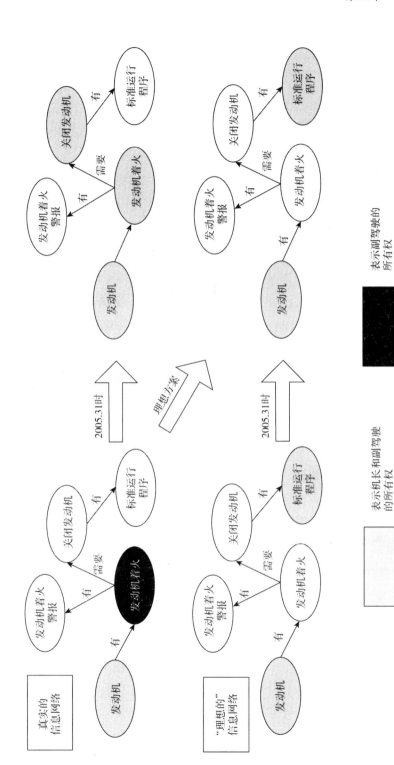

图4.3　对与发动机着火的错误报警相关的真实的和"理想的"信息网络的一部分的比较

事故的一个原因，而是说运营人、设计、设计者和风险管理者之间缺乏整合（巴斯比和希伯德，2002）。

网络系统的统计分析

在第三章和本章的第 2 部分中，使用信息网络系统对航空事故案例进行初始研究，提高了对事件发生的系统的理解。此外，随着信息传达的集中化，本研究确认了这些网络中的显著节点和链接的重要性，进而可以延伸到网络之间的连接以及其中的深入发展。特别是，可以将度量应用到网络系统的比较中，以便给出导致事件的关键节点或因素。这样一来，现在存在的以及可能出现并引起正常运行或接近危险的节点就能被识别出来，但是，信息传达过程中可能导致事故的关键因素或故障，在设计或培训过程中的预期分析中就被去掉了。这种流程的工作接近于生物科学的理论，类似于神经网络的研究，在这一流程里，重要的是确定节点里的激活级别和传递功能来凸显事件的关键节点。也可能可以确定那些具有高级别冗余的节点，通过这些节点，事件仍然会发生，虽然没有出现不准出现的节点或者不该出现的节点。

为推测节点的重要性而寻找一个合适的度量方法，或者是凸显信息网络系统，这是非常重要的。本研究寻找这样一种度量方法，并用社会网络分析的传统方法对数据进行检验，是想尝试并提供对结果的深刻理解，进而增加所需要的定量分析因素。社会网络分析已经很好地利用了多种学科知识，例如，帮助说明了信息传达模式和信息流、公司结构以及医疗环境（巴伯等，2013；霍顿等，2008）。

起初，为了引入这些定量分析因素，本研究使用了由 EAST 小组开发的一个软件程序 WESTT（工作量、差错、情景意识、时间与团队合作）（霍顿等，2008）。通过将信息网络数据（节点和链接）输入电脑程序中，就可以把统计信息（例如，Bavelis – Leavitt 中心性指数）和社交地位的测量值应用到建立的网络上。在一个网络系统中，社交地位的目标在于识别一个主体对信息传达（所有形式）的整体贡献。中心性是一种度量，可以指示最中央的主体。这是根据从所有其他的最短线距离计算出来的，长线距离会导致长时间的通信而且信息更有可能失真。毫无疑问，两种度量尝试以不同的方式确定网络图表中的关键主体或节点。

　　回到凯格沃思案例研究的信息网络分析上，我们决定一开始仅专注于快照1。之所以关注真实的和理想的网络，主要是因为在进行下一步并结合多种网络数据之前从一个部分得到尽可能多的细节。使用 Agna（宾德，2003）得到的初始统计分析结果生成了下面简单的图表（图4.4），以便用于比较。

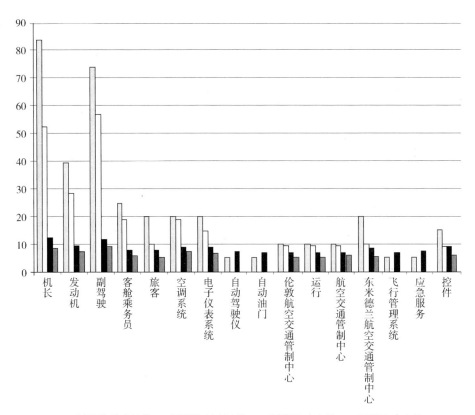

图4.4　凯格沃思的社会网络分析（快照1）

　　这个原始数据挖掘使用来自 WESTT 分析的信息，并集中在分析中的参与者（例如，机长或副驾驶）身上。在对凯格沃思应用信息网络方法进行分析的过程中，由于我们可以在网络中确定一个节点的主体所有权，所以，所有主体不再需要独立考虑社会网络分析。因此，将度量方法仅仅应用于从移除参与者的信息网络系统的节点，是非常重要的。使用这样一种新的方法，而不是将社会网络分析应用于信息网络，通过隐含在系统中出现的那些节点之间的链接中，我们将通信应用于信息网络系统。这可以帮助我们找出信息网络中的核心或关键是什么，以及没有有效通信的信息是什么，这也是这个方法论应用的一个目的。

在我们的信息模型环境中，社交地位似乎是对节点重要性具有推动作用的更有效的度量方式，因为是它最近似地展示了任何特定节点的信息通信能力。图4.5和图4.6中给出了第三章中确定的在这个特别案例研究中最关心的节点（例如，那些对场景发展重要的节点）以及他们相关的度量值。

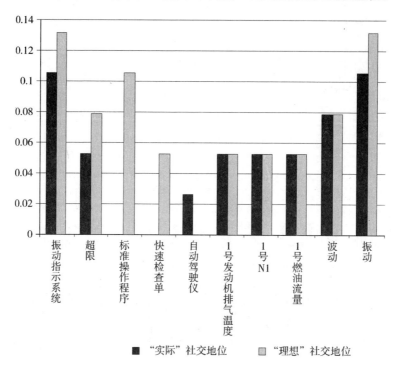

图 4.5　凯格沃思关键节点的社交关系分析（快照 1）

鉴于第一阶段的目的，在社会网络矩阵中所有活跃节点都给定值1，用作分析的基础［更多详情见 Agna 用户指南（宾德，2003）］。我们可以看到，这已经模糊了网络中一些比较微妙的数据，例如所有权量级以及在图表区域中的位置。

但是，我们可以从图表中看到案例中"理想的"和真实的情况之间的明显差异，例如不恰当地断开自动驾驶或取消标准运行程序和快速检查单的使用。我们可以看到，此社交地位的度量确实在两个网络之间的节点重要性上显示了真实的差异，其最好的例子是在"理想的"与真实的案例比较中围绕振动指示器的信息流的增加情况（因此定义为更高的社交地位）及其相关更

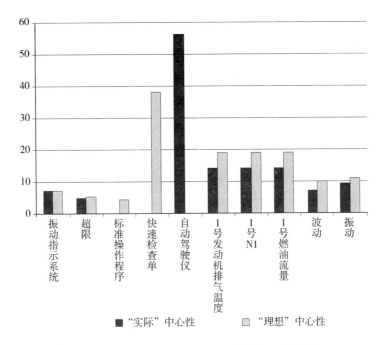

图 4.6　凯格沃思关键节点的中心性分析（快照 1）

高的水平。像这样围绕重要节点的额外信息流是"理想"结果相对真实结果的可能的基础，需要做进一步的研究。

为了进一步研究并开始把节点的所有权整合到统计分析中，我们研究了对节点和节点间链接进行加权的方法。通过与图表理论专家的讨论，我们发现在社会网络分析中没有进行此尝试的正式方法。相反，通常的做法是，在图表（链接）的边缘定义关系并建立，不论加权系统是否起作用。因此，统计分析使用的第二种方法是使用源节点所有者的数量来加权分析中的链接（例如，如果三个主体拥有源节点，那么此链接的权重是"3"，不管接收节点的所有权）。

未加权的第一种方法和这个方法之间的中心性保持不变，这并不奇怪，因为这是由于度量的属性所决定的，该属性并不使信息集中而通过它，而是展示图表中数据的相对位置。当数据加权后，其组成项目的相对位置保持不变，经过处理的原始数据发生了改变。社交地位的结果受到了影响（表 4.2），但是，图形的相关比较与未加权的图表没有发生改变。

表4.2 加权方法2：关键节点的社交地位

节点	社会地位（"实际的"）	社会地位（"理想的"）
振动指示器	0.368421	0.473684
超限情况	0.157895	0.289474
标准运行程序	0	0.342105
快速检查单	0	0.105263
自动驾驶	0.052632	0
1号排气温度表	0.157895	0.157895
1号N1表	0.157895	0.157895
1号燃油流量表	0.157895	0.157895
波动	0.236842	0.236842
振动	0.368421	0.5

应用于此数据的方法3根据源节点所有者的数量来对链接进行加权，这些源节点被添加到接收节点所有者的数量中。实际的与"理想的"中心性图形的比较，第一次揭示了社交地位值中的一些差异（表4.3）。可以预期到，像"超限情况""标准运行程序"和发动机指示仪表"波动"这些节点在"理想的"场景中都是高数值的。数值高表明这些节点对"理想的"事件结果是至关重要的。但是，发动机仪表（1号排气温度表、1号N1表和1号燃油流量表）的社交地位在实际的和"理想的"情况中第一次出现了不同。"理想的"场景中的社交地位值高于实际场景的。此检验要做的是此模型发现差异的能力，比如像这样的定量。

表4.3 加权方法3：关键节点的社交地位

节点	社会地位（"实际的"）	社会地位（"理想的"）
振动指示器	0.473684	0.921053
超限情况	0.210526	0.5
标准运行程序	0	0.552632
快速检查单	0	0.210526
自动驾驶	0.078947	0
1号排气温度表	0.263158	0.315789
1号N1表	0.263158	0.315789
1号燃油流量表	0.263158	0.315789
波动	0.315789	0.473684
振动	0.789474	1.026316

按照这种方法对社交地位进行加权，那么，在"理想的"和实际的场景中的节点数值就可以对本书第三章中给出的观察结果进行认证。

但是，在中心性结果中有一些异常的情况。使用此加权方法（使用第四种方法也得到相似结果），"振动指示器"节点（被视为在事故报告和网络系统报告的初步结果中对事件特别重要的一个节点）在"理想的"场景中得到的中心性数值（6.91）低于实际场景的数值（7.38）。社交地位已经被确定为比中心性更合适的度量指标，因为其定义更接近这些网络系统中试图建立的东西，即任何特定节点的信息通信能力，而不是其在网络系统中的位置。

然后，对案例数据应用方法 4（表 4.4）。在此情况下，链接的权重来源于源节点的所有者的数量乘以接收节点的所有者的数量。不同于方法 3 中的加法，在这里使用乘法的目的是，起源处而不是接收处的所有者的任何节点的数值均为 0，这会去除实际上不活跃的链接的数值并凸显此状态的重要性。

表 4.4 加权方法 4：关键节点的社交地位

节点	社会地位（"实际的"）	社会地位（"理想的"）
振动指示器	1.157895	1.789474
超限情况	0.157895	0.789474
标准运行程序	0	0.684211
快速检查单	0	0.210526
自动驾驶	0.052632	0
1 号排气温度表	0.315789	0.473684
1 号 N1 表	0.315789	0.473684
1 号燃油流量表	0.315789	0.473684
波动	0.236842	0.710526
振动	1.842105	1.842105

可以从表 4.4 中再次看到，在第三章中被识别为具有重要意义的那些节点在"理想的"场景中具有更高的社交地位。此外，跟方法 3 一样，方法 4 也认为 1 号发动机仪表的社交地位在"理想的"场景中更高（例如，在信息传递中起到更重要的作用）。方法 4 与其他所有方法相比的不同之处是，"振动"节点的社交地位在两个场景中是相等的。最初看来，在"理想的"场景中具有较高预期值的情况下，这个结果是不真实的，因此，需要对由 Agna 进行的准确的计算并检验以确定此结果产生的原因，但是这可能说明，在两种情景中此节点与信息流具有相同的潜力，而且此节点在"理想的"事件中并

不需要对其进行改变。

表4.5展示了凯格沃思快照1真实的与"理想的"社交地位数值的统计分析的一组结果。如果显著性数值低于要求的 $p < 0.01$，那么，就要接受真实的与"理想的"场景分析之间存在重要的配对差异的假设。本研究也对其他每一种方法进行了同样的统计检验，但是结果没有方法4显著。

表4.5 社交地位的配对 t 检验结果（方法4）

配对样本检验	相关性	自由度	显著性（双侧）
	.896（.000）	9	.007

通过使用大量的方法和大量的案例，本研究对网络系统的观察结果进行了定量验证。应用这些加权度量似乎是有明确的统计学优势的，但是，图表理论的这个领域是试验性的，需要进一步的研究和建立基础。很显然，社会网络分析度量的结果表明，社交地位更适合信息网络方法。但是，中心性和社交地位看起来都不能完全通过这样一个事故致因的网络分析得到要求的信息。特别是，社交地位缺乏识别潜在的而不是当前链接的必需的能力，这是需要开发的领域，因为确定所有潜在信息路径的要素对综合模型是很重要的。

在想要更加充分地理解系统中的情景意识时，本章的介绍凸显了这个新方法的潜力。目前为止，定性研究和本书更后面的定量研究的比较提供了一种能力，这种能力不仅可以识别事件结果中主体的情景意识何时是内在固有的，而且还可以发现标准运行程序、快速检查单和监管者等的要求在哪里是不切实际的以及情景意识在系统中应该具有什么样的合理预期。此方法还进一步界定了与信息流和节点间的链接有关的这些不足在哪里发生。可以肯定的是，激活级别的想法是度量研究中的一个发展主题，在激活级别之上（或之下）的特别节点变得尤为关键，本章的余下部分综述了几个不同的多学科方法和与正在进行的工作有一定关系的研究主题。

合适度量的选择

在上面概述了对凯格沃思灾难使用统计学方法研究之后，值得注意的是，虽然他们验证并给出了网络系统理论用于绘制事故致因的基础，但是仍然存在一个根本性的缺陷，就是不能简单地确定激活级别或关键节点与非关键节点之间的综合统计关系。本书的中心目标是构建一个综合性的定性与定量研究的模型，使其具有发展预测属性的潜力，EAST 对此有帮助（沃克等，2010）。社交地位已经表明，度量可以被成功地应用到信息网络方法这一工作的核心中，但是只能用于事后调查。为了努力实现向事前方法甚至预测方法转变，必须研究把数据整合到网络系统的各种途径。

　　这部分内容简要描述了项目过程中的一些思考，以便于将这些思考应用到信息网络模型中。按照其对目标的适用性，我们对这些想法进行了研究。然而，由于项目的属性或他们之间不相关的特点，许多想法不得不被丢弃。未来，随着模型的发展，有些想法可能在本书以外会得以应用。

关键路径分析

　　关键路径分析（CPA）是在 20 世纪 50 年代提出来的，作为项目管理工具，它识别和预测项目中那些可能被延迟但不会对最终目标有全面延迟的区域。此方法基于数学的算法，识别关键活动，而且就是这个关键性的想法与事故致因网络系统相关。关键路径分析的方式是将指令或活动及其依赖于之前完成的活动（或相反）关联到整体项目网络系统并确定过程中的潜在瓶颈。但是，由于仅依赖于时间，时间只是一个已经被认定为对线性模型的主要限制之一的一个数值，很显然，此方法不会进一步发展此模型了。

信息理论

　　信息理论产生于 20 世纪 40 年代后期，美国数学家克劳德·香农（1916—2001）是其代表人物。它最初是为电信业研究而开发的，它通过噪音通道在不丢失数据的情况下，从根本上整合了数据压缩、数据编码和数据单位通道。

　　在此概念中，信息理论基于那些数据发生的逆概率算法来计算数据的信息内容。举语言中的一个例子，单词"the"本身包含很少的信息，其出现概率却很高（皮尔斯，1980）。这个想法可能很有意思，如果把它应用到事故致因网络系统中，那么，像"振动指示器"这样的节点就可以有很多与其相关的潜在信息，而异常读数的相对概率是很低的。作为可能的预防（或报警）方法，信息理论允许对通信渠道（例如，空中交通管制员与飞行员之间）进行分析，然后可以基于发现的事故相关的熵对塔台与飞行员之间的通信进行分析。此概念包括凸显可能的信息"瓶颈",而且,如果与概率理论可接受的关联性适用的话,那么,在其发展的后期,这一概念可能是适合此模型的。

潜在语义分析

潜在语义分析(LSA)(或潜在语义索引)是 20 世纪 80 年代由心理语言学研究员团队开发的方法,由迪尔韦斯特等在 1990 年第一次发表。潜在语义分析给出了一种对单词—单词、单词—段落和段落—段落关系的测量,试图客观预测文章不同段落之间基于词汇的整体相似性的结果。这样看来,潜在语义分析可以证明是一个有用的方法,它可以被应用于例如事故征候文字记录或报告,以客观的方式确定关系或相似性。

"潜在语义分析是一个完全自动的数学(统计)方法,用于提取并推测语段中预期上下文使用词汇的关系"(兰道尔、福尔茨和拉哈姆,1998:263)。潜在语义分析用包含段落中词汇使用频率的矩阵来表示文章。对频率进行加权的功能表示段落中词汇的重要程度,通常是任何特定词汇携带信息的程度。进一步的因素分析来识别段落中的关键词汇或短语。要想了解进一步的信息和关于读者的更详细的统计学解释,请参阅兰道尔、福尔茨和拉哈姆(1998)的介绍论文。

在这样的一个方法中,很重要的是要注意到,"从潜在语义分析得到的相似性推算不是简单地接近频率、共现计数或使用中的相关性,而是依赖于强大的数学分析,能够准确推测更深层的关系"(兰道尔、佛尔茨和拉哈姆,1998:260)。

但是,目前论文中所讨论的潜在语义分析在当前实践中有很多的局限性,包括对高层次的不完整或差错的怀疑(兰道尔、佛尔茨和拉哈姆,1998)。

有趣的是,尽管如此,有人提出潜在语义分析构成了计算理论的要素,可以进一步理解知识的获得和表达(兰道尔和迪迈,1997)。他们认为,这应包括发展对个人如何获得更多的知识或信息(不仅是表面明显的)的进一步理解。

正如上面提到的,在调查的初始阶段似乎可以在一定范围内使用潜在语义分析来替代分层任务分析,特别是在处理文字记录和报告时。但是,由于初始阶段此方法中的当前局限性和不确定性,本项目排除了此方法。

贝叶斯理论

图表模型是概率理论和图论的结合，它们为解决贯穿于应用数学和工程学的两个问题——不确定性和复杂性，提供了一个自然的工具。概率理论提供了将部件联合在一起的黏合剂，确保系统整体是一致的，并提供了模型连接数据的接口方法。图论方面的图表模型给出了直观的、有吸引力的界面，人们可以对高度互动的多组变量进行建模，它还给出了数据结构，因而自然适用于有效通用算法的设计。（乔丹，1998：1）

贝叶斯网络系统就是这样一种图表模型。乔丹继续对此模型进行说明：

在例如统计学、系统工程学、信息理论、模式识别和统计学领域进行研究的很多经典的多变量概率系统，是一般图表模型形式体系的特殊案例。这样的例子包括混合模型、因素分析、隐马尔可夫模型、卡尔曼滤波和伊辛模型。图表模型框架给出了把所有这些系统看作普遍潜在形式体系的实例的方法。这种看法有很多优势；特别是，在一个领域开发出来的专业方法可以在研究界之间转移并进行更广泛地开发。（乔丹，1998：1）

上述最后一点在本作者的观点里是最重要的，开发一个有真实可用性、多学科应用和现实基础的方法是本书的关键。"此外，图表模型形式体系为新系统的设计提供了一个自然的框架"（乔丹，1998：2）。

贝叶斯网络系统是一系列复杂的图表，它通过绘制因果关系图来组织系统中的知识体。其关键变量是用数字进行编码的，代表了可能影响其他变量的程度。贝叶斯网络系统出自英国统计学家贝叶斯，特别是 1763 年他去世后发表的文章中。贝叶斯建立了数学方程用于计算因果关系变量的概率，由于其内在的复杂性，这些变量的关系不能很容易地通过实验得到。

社会科学家很晚才研究此想法，并开始使用此理论来说明特定事件中哪些是关键因素。正是此理论的有用性才引出了在本项目中的研究适用性。在20 世纪 70 年代到 80 年代之间，随着计算机可以处理大量数据并发现了各种模型，神经网络被广泛推广。但是，它还是有局限性，因为它不能被"训练", 所以神经网络不能预测, 因此需要专有的无限数据源以涵盖所有可能的结果。这在航空或其他复杂系统中是不现实的。

但是, 在 20 世纪 80 年代后期, 人工智能领域的研究人员发现, 贝叶斯网络提供了解决阻碍之前尝试的信息不足或模糊的有效方法。埃里克·霍尔维茨 [此领域的开拓者, 20 世纪 90 年代在微软工作, 长年发表文章 (例如, 参见霍尔维茨等, 2001)] 认为, 此方法 "是有效的, 因为你可以把精心收集的历史数据与专家关于如何运作的不大精确但是更直观的知识相结合, 以得到给定时间、给定可用信息的最佳答案" (赫尔姆, 1996, 来自对霍尔维茨的采访)。此历史数据与专家知识的交织 [例如, 利用主题专家 (SMEs)] 有助于我们信息网络模型的应用。

结论

第四章已经展示了, 自从信息网络系统成功应用于航空事故分析以后, 相关研究进行的发展方向。本章引入了一组 "理想的" 网络系统作为比较工具, 更容易识别重要节点。此外, 为一个真实的系统提供了定量比较的网络, 因此流畅地过渡到了本章的下半部分。回到萨蒙等 (2008b) 的研究, 把定量要素引入网络, 已经真正开始识别情景意识的级别, 并在系统中引入了特定节点的航空级别的概念 (例如, 主动拥有的信息)。

我们采用社会网络分析作为合适的启动度量方法, 尝试识别这些关键节点在真实的与理想的系统网络之间的重要趋势或差异。连同基于主体所有权的节点加权, 我们发现, 社交地位是一种确定真实的与 "理想的" 场景之间统计学显著差异的方法。此方法可以应用于对系统进行当前快照状态与 "理想的" 状态比较的情况。由此, 根据信息通信能力确定的统计学显著不同的节点可以被凸显出来, 并对这些节点进行研究。考虑到通信的核心重要性, 正如吉普森等 (2006) 相关的讨论, 在理解这些事件的问题上, 很有可能的是, 在 "理想的" 场景表现最不同的节点最有机会影响不利事件 (或者至少不是 "理想的" 场景建模的事件)。

本章讨论了几种进一步分析信息网络系统的方法, 虽然有前景的不止一个, 但是本章发掘了贝叶斯网络系统中潜在的、非常有用的统计学方法。表4.6 显示了讨论的每种方法的主要优势和劣势。虽然贝叶斯网络系统中可能出现复杂性的问题，这个问题需要解决，但是其他方法的局限性意味着它们此时不适合整合到模型中。正是由于这个原因，贝叶斯方法看起来与信息网络配合得很好，本书后面三章的研究内容扩展应用到事故调查之外，向事前甚至预测方法延伸。第五章和第六章，结合贝叶斯统计学理论和检验基于情景的研究，进一步发展信息网络系统。第七章通过使用一家传统航空公司的案例来研究信息网络方法的现实行业应用。

表4.6 可以整合到信息网络模型中的理论汇总表

方法	优势	劣势
关键路径分析	在关键活动中使用与检验	线性基础
信息理论	集中信息传递	限于定性网络分析
潜在语义分析	处理信息关系	当前限于散文段落
贝叶斯理论	整合主题专家知识而且在各领域之间转移	在大型系统中复杂

第五章 拓展信息网络的潜力：贝叶斯方法[①]

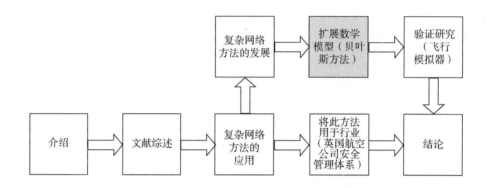

通用航空："非专业"类型？

第四章解释了如何使用社交网络类指标来分析信息网络，并就开发一种可应用于各专业领域的方法进行了探讨。在第四章研究成果的基础上，本章旨在研究开发信息网络定量能力的可能性。贝叶斯网络已被认定为一种可能的方法，它可以与信息网络理论相结合，进一步将模型客观化。本章着眼于贝叶斯网络和信息网络理论两种方法的结合，并会用到一个经常未被充分利用的数据来源。

航空事故极为罕见，这无疑是件好事。然而，更多的凯格沃思空难、QF1航班事故和其他灾难性事件的缺乏，使得很难着手探索一个基于事件概率和数量的方法。正是出于这个原因，为了全面研究航空，而不仅限于单一的大型商业航空事故，本章开始转向通用航空世界。虽然这并不意味着通用航空有大量的经常性的事故，但毫无疑问的是，通用航空的事故量超过了商业航

---

① 本章是以下已发表论文的基础：格里芬 T. G. C.，杨 M. S. 和斯坦顿 N. A.（2009）。《壁垒与事故：信息的飞行》《人的因素、安保和安全性》，D. De 沃德、J. 歌德海普，F. L. 库伊和布鲁克胡雷斯 K. A. 主编，荷兰马斯特里赫特，夏克出版社。

空，使其成为一个有用的、可比较的研究领域。

　　然后，本章在讨论了不再使用分类系统以及增加定量分析数量之前，明确阐述了通用航空是进行信息网络和贝叶斯方法应用研究的合适领域。我们认为，信息网络和贝叶斯应用这两方面的结合为分析航空事故提供了真正的推动力。最后，尽管已有相关文献的数量有限，导论部分讨论了其中的贝叶斯数学理论及其在信息网络和壁垒（意指堡垒层，防御措施——译者注）中的应用，但是，现有文献的数量有限并不是一件消极的事，这使得该研究领域成为一个即将出现的、令人兴奋的新研究领域。

通用航空事故与商业航空事故有本质区别吗？

　　在英国，通用航空的定义是：使用航空器进行除军用或商业航空运输之外的其他运行。尽管在法律上并未有航空器的尺寸和型号方面的限制，但通用航空通常被理解为使用轻型航空器进行非商业性的运行（包括飞行训练）。通用航空包括了范围广泛的运行种类、飞行目的、作用、程序、训练水平和航空器类型。

　　长达 28 年的全部记录表明，截至 2008 年，英国的通用航空器共发生了359 起死亡事故（GASCo，2010）。与商业航空的致命事故量［2008 年 34 起、2009 年 28 起的典型数据（利尔蒙特，2010）］相比，在安全水平和专业化程度方面，通用航空与商业航空的差别并不如预期的那么显著。然而，由于自身特性不同，大部分商业航空事故（与事故征候相对）会导致人员死亡，而多数通用航空事故却不会（美国国家运输安全委员会，2006）。因此，通用航空提供了更多的非致命性事故报告，这为研究工作提供了恰当数量的事件。尽管利用全部数据也难以确定航空事故（包括非致命性事故）明确的"市场份额"，但澳大利亚运输安全局（ATSB，2007）在研究了截至 2002 年的 9 年间美国和澳大利亚的数据后发现，尽管通用航空的飞行小时数未及总飞行小时数的一半，但发生的航空事故量却占到了 70% ~85%。

　　研究表明，飞行员差错被认为是通用航空事故的一个主要致因，更甚于商业航空事故（二者报告的数量差不多达到了 50%），这大致反映了二者在机组训练和经验方面的差异（李等，2001）。与商业航空飞行相比，通用航空飞行在很多方面都存在着差异，包括事实上航空器更易受到天气变化的影响，训练（初始和持续）不同、检查少、自动化程度较低、缺乏系统管理（尽管在新型玻璃座舱技术的今天有所改变），以及维护水平不同等。林内和阿什比（2006）对澳大利亚的通用航空器进行了一项研究，结论是大约3/4的坠机事件均与航空器操纵或驾驶员控制差错有关。美国的数据进一步支持了该结论，上述原因是71%事故的核心原因（美国国家运输安全委员会，2006）。然而，仅仅凭借报告存在的问题就坐等安全水平的提高是不够的。就事故原因来说，这些仅是冰山一角，必须进一步开展研究，了解整个通用航空飞行系统以及事故原因与其他因素在何处相互作用。林内和阿什比（2006）指出，在飞行员控制差错为核心原因的事故中，许多相关的或解释性因素也被报告与事故有关。李和哈里斯（2006）更进一步地强调了更多的数据和更深入的调查对于真正理解这些解释性因素或致因的重要性；以及真正的系统化方法对于分析通用航空事故的重要性。

由于通用航空和商业航空之间存在着一些不言而喻的差异，其中，某些差异已在前面讨论过，人们通常认为，这两类航空运行是不可比较的。尽管事实上各类事故往往表现出不同的因果结构，但是，本书的目的并不是说这两类事故是完全相似的。而且，本书对信息网络进行研究并将其应用到通用航空领域，希望借此对系统（不论其飞行类型）进行恰当的分析，从而不再需要对不同航空领域内的事件"类型"进行比较和对比。这也适用于因不同事件基础而导致的有关致命性事故和非致命事故方面的争论。

一种旨在克服分类方法局限性的新方法

本研究不仅使用通用航空事故来进一步了解整个飞行系统和飞行事故，并且，除了使用致命性事故的相关数据，还使用非致命事故的相关数据。原因很简单：通过数据量的增加，加深对与飞行事故密切相关的通用航空系统的理解。这与应用信息网络的理念一致，因为网络越全面、综合，理解就能越全面、综合。

非致命事故和致命事故是否存在本质上的不同，还没有文献给出明确定论。很显然，许多事件的因素和特征都很相似（林内和阿什比，2006），因此提供了一个待挖掘的巨大的数据资源。然而，研究结果表明，在某些领域，非致命性坠机事故的因素和特点与那些致命性事故并不一致（霍沃斯，2003）。在他们的讨论中，林内和阿什比（2006）确实要求，在今后要更加注重使用数据来辨别非致命性着陆事故与致命性着陆事故在其发展的本质上是类似还是存在着比表面上更多的差异。同样，信息网络系统应不再需要将事故标记为通用航空事故或商业航空事故，希望这种新的网络分析方法可以消除各种研究中存在的致命性偏见。通过试图描述和理解各种事故（致命性/非致命性、通用航空/商业航空）发生的信息空间，我们希望将来有可能克服因事故分类方法带来的局限性。网络中的信息空间是根据系统内现有信息创建的，它不因最终结果的具体后果或分类而受限或强化。与通过死板的分组而自我限制的方法相比，这种方法更有优势。事故类型和后果的分类或标签常常会存在不一致，更不用说背后的因素和原因了（贾维斯和哈里斯，2009）。事实上，诸如人的因素分析和分类系统（HFACS）等此类分类方法，已经显露出其应用到通用航空领域（包括动力飞行和无动力飞行）研究中受到的限制（林内、阿什比和菲茨哈里斯，2008；贾维斯和哈里斯，2009），这归咎于固定组织架构的缺失进一步强化了因果关系。维格曼和夏佩尔（2003）对此向前迈出了一大步，质疑这些方法太明显或太综合，认为它们不适合用来探究通用航空事故更深层次的因素。

信息网络方法不能取代分类的过程，而是增加另一种可选的方向，从这个方向去审视系统，并引出与事故关注点和因果关系（或者用理想的术语来表示，那就是"预防"一词）相关的各领域或问题。信息网络的关注点不在于事件结果的分类或定义，而在于发生事件的系统，我们要把重点从某个事件（已被证明难以分类，通常充满着各种细微差别、难以重现）转移至与事件或非事件紧密相关的各信息节点间存在的壁垒和链接上。换句话说，沟通仍被认为是各事件的中心问题，信息网络正体现了这种信息（沟通）流。确实，通用航空的信息种类和沟通类型与商业航空有所不同。但是，它仍然是有效沟通，无论是飞行员和仪表之间（现在仪表是更基本的装置）；飞行员和目视提示之间（通常这对于商业飞行没有那么必要）；飞行员和控制系统之间（这是最直接的反馈控制，例如，驾驶杆力等重要因素）；还是仪表和环境之间。系统内的所有信息都需要被清楚地知晓并得以正确地解释（成功链接），凯格沃思空难（第三章）就出现了信息被完全忽略（失败链接）或被误解的情况。信息网络并不区分信息的处理方式，而是去研究更加原始状态的信息，无关环境或技术。这样，无论研究的是通用航空系统还是商业航空系统，都能对其信息各自综合建模。

如此一来，不再进行结果分类和逐事件调查这一步，摆脱了重现性的限制，不再需要围绕各种细微变化来研究无论结果或原因发生任何变化却仍保持不变的各种壁垒。壁垒保持不变，因此，新方法的关注重点不是诱因和结果，因为即使是发生了极微小的变化，事故的诱因和结果也都会出现各种可能；单独使用分类方法非常有限。我们希望使用贝叶斯数理方法的信息网络方法更适合于通用航空事故的分析，也同样适用于迄今已研究过的商业航空事故。

定量和定性方法：平衡的艺术

任何综合性的人类工效学方法都需要在定量和定性研究二者之间取得平衡，以期尽可能地做到完整。正如本书的整体计划一样，任何方法都应保持工业实践和学术界之间的有效互动。希格尼特和威尔森（2004）非常巧妙地总结了这种风格的融合，形成了针对系统令人印象深刻的代表性观点（图5.1）。

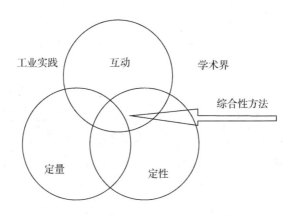

图5.1　综合方法必需的各互动面
资料来源：希格尼特和威尔森，2004

例如，人的因素分析和分类系统使用定性方法进行分析，但是，通常会再使用定量的方法来分析定性分析所产生的数据。必须找出一个更加复杂的方法，深入研究如何真正地将定性分析和定量分析两种方法有机地结合起来。本章着眼于实现图5.1所示的理想方法，该方法将所有方面整合起来，形成了一个更全面、更具代表性的模型。在信息网络中使用该方法，先解决事故报告的定性分析，而不是人为地进行简化或分类，然后通过历史数据和第四章引入的数学运算进行定量分析。这样，该方法试图利用定性和定量两种数据实现平衡，避免人为地采用某一种方法而牺牲另一种。这种做法是正确的，每种方法代表了现实世界的不同方面，因此都需要在有用的仿真模型中得以体现。风险模型结合了定性分析和定量分析，该特性不仅有利于理解系统的设计（主要通过定性的方法），还有利于理解系统内实际做法的可视化（例如，量化的历史数据）（马克思和韦斯特法尔，2008）。

　　毫无疑问，人机工程学的这一领域正处于发展阶段，概率风险评估（PRA）是正在迅猛发展的研究领域。然而，许多概率风险评估都应用于机械或工程的节点和壁垒，因为很容易识别出这些机械系统中存在问题（包括故障）的概率。在过去的十年中，已经有很多研究使用人的因素分析法探寻概率风险评估（PRA）的使用（例如，马克思和韦斯特法尔，2008；贝巴特，2002）。这些研究主要集中在如何对待人为概率与非人为概率的大不同上，这与信息网络所能提供的方法是相反的。信息网络使用历史数据来计算节点出现的概率和链接成功或失败的概率，消除了目前其他方法存在的高度主观概率，进而得到一种更客观、更明确统一的方法。的确，阿莱等认为，如果可以使用各种方法将概率和逻辑依赖关系进行量化，"则可极大增强这些类型模型的功能"（2005：37）。此外，因为使用了历史数据，就不再依赖于项目事务专家来计算成百上千个节点的概率。这也消除了目前所用方法中受到众多批评的大量的主观主义的影响（特鲁科等，2007）。此项研究命题的主要不同在于，其目标是把方法推广到复杂的非线性网络，这是该方法的终极目标。与当前的故障树线性方法相比，这是一个很大的进步。下一步要解决的问题是，如何准确地将这些方面的内容纳入信息网络系统。

为什么要采用贝叶斯方法？

　　故障树是工业界和学术界目前所用的概率风险评估技术的基础。本项研究试图把其应用扩展到非线性信息网络系统，这就需要一个先进的数学模型。第四章介绍了贝叶斯建模，并强调了利用信息网络系统的巨大潜力。

　　到目前为止，本书中使用的信息网络让人联想到数学、科学和工程学中都使用过的几种图形模型。由于要进行定量测量，并且有大量的历史数据需要处理，所以，概率图形模型可满足进一步改进信息网络的各种需要。概率图形模型分为两大类：有向模型和无向模型。无向模型也称马尔可夫网络或马尔可夫链，用于表示条件下相互独立的项目或节点。由于它过于简单化，不能反映航空事故的真实特性，因此，我们对另一种方法有向图形模型更感兴趣。

在这类图形模型中，贝叶斯置信网络被称为有向无环图。网络的名字及其基本理论源于托马斯·贝叶斯定理（贝叶斯，1763）。贝叶斯定理考虑了假说对实际观测证据概率的影响。换言之，它不仅是考虑到了事件之间的关系，还考虑到了曾发生过的每一个事件的边缘概率，这样能图示和研究更加复杂的关系。由于贝叶斯网络反映关系的复杂性，每个网络建立在一系列的条件概率表基础之上。贝叶斯网络内每个节点——此时代表着信息网络中的每个节点，都有各自对应的条件概率表，这些节点与链接节点之间的弧连在一起构成了表示因果影响关系的图形模型。

图 5.2 显示了一个简单的贝叶斯网络，完整地包含了每个二进制节点（即，真或假）对应的条件概率表。节点之间通过一条表示因果关系的单向箭头连接。由于变量是离散的，针对给定父节点的每个值，条件概率表列出了节点为真或假时的概率。

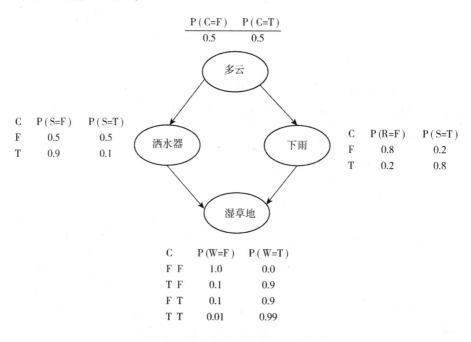

图 5.2 简单数字的简化贝叶斯网路

资料来源：墨菲，1998

从图 5.2 中最后部分的条件概率表中可以看到，如果"洒水器"和"下

雨"两个节点值均为"假"（即，S 和 R＝F）时，那么，草地为湿 [P（W
＝T）] 的概率为 0。这是合理的，因为在此给定的简化网络中，草地只能被
雨水或洒水器淋湿。这样，只要观察到父节点的情况，就可以预测出子节点
所有可能的结果。这也说明了采用网络的优势，尽管它不是全面的，但仍然
可以从中获得经验教训，继续研究网络。

　　通常的做法是，结合历史数据和专家个人知识形成条件概率表。这样，
已知的和预期的关系和结果都用于建模。这在诸如航空事故调查等领域非常
有用，因为事件很少发生，历史数据并不能很好地预测未来事件的发生及其
发生的原因和导致的结果。但是，也确实存在一些批评的声音，批评此方法
的图形模型的基础建立在了专家的主观"信念"之上。勒克斯胡杰和科伊特
（2006：2）将这一批评归咎于贝叶斯网络，建议为了"获得客观结果，必须
通过结构化、可追溯的过程对专家判断进行量化分析"。他们还建议，采用的
系统要部分依赖于历史数据，如本章中采用的方法；部分依赖于专家判断，
使用诸如人的因素分析和分类系统框架以使专家的判断客观化。这项工作试
图改变以前的各种应用，不再固守分类系统的刻板和限制。此外，本研究的
目的是将关注点从某一事件（例如，事故）的诱因（勒克斯胡杰和科伊特方
法的基础），转向研究一个系统，无论其结果如何，同时，不仅仅只关注灾难
性的事故（阿莱等，2005）。有趣的是，贝叶斯网络非常能够说明因果关系，
但没有必要设置一个有向边（节点之间的链接）来表示因果依赖关系。这扩
大了信息网络的使用范围，链接可以被命名或被看作是信息流，而不是强加
的因果结构。这样一来，此处被测试的方法使用实际的信息节点，从而可以
深入钻研各种情况和系统，而不是试图进行人为的分类。

　　非常重要的一点是，贝叶斯网络系统能够建立具有反馈机制、排他性和
概率的模型，而不仅是包含简单、严格的因果关系（阿莱等，2007），而且，
如果赋予足够的处理能力，则具有无限变化。为了将定量理论应用到复杂的
3D 网络中，这种 3D 网络中可能有上千个节点和链接，我们需要这种操作。
这项工作的真正兴趣还包括开发出各种方法，例如，在将概率应用到网络中
时消除项目事务专家的主观性。在贝叶斯数学和建模领域中的持续努力下，
展示了该方法的潜在用途，这是本章的核心内容。下一节会重提系统内壁垒
的概念，谈及本书的核心主题，以及，结合此处列出的一套方法，阐述如何
提供一种看待安全改进的新方式。

壁垒和差错迁移

文献研究表明，壁垒与安全之间存在着普遍的关联性，但是，在航空业内，除物理障碍之外（例如，与工程有关的壁垒或物理安全壁垒），它的使用却是有限的。在一个系统的各个网络模型中，有可能通过在节点之间插入（或移除）壁垒，来改变事件发生的概率或有意识的信息所有权的概率。正是这些箭头或链接，导致了系统内信息的流动，而且，影响它们的任何行动，都会体现为结果的变化或结果概率的变化。从这个意义上来说，壁垒可以被视作安全措施，即，壁垒的质量决定了在这种情况下与产生负面结果的"间距"大小。作为贝叶斯网络应用的引领者，勒克斯胡杰（2002）为其所谓的"影响图"（形式类似于故障树）引入了新的节点，用以代表系统中潜在的壁垒。这些节点可以是结构化的壁垒或人的活动，例如，检查和管理职责。然后，可采用与其他节点相同的方式对其赋以概率值，从而影响系统的整体概率。这项研究的不同之处在于，它反映了壁垒对信息元素之间的联系所产生的影响：更真实地反映了现实世界的系统；如果没有必要，就不会插入多余的节点。这一点很重要，因为某一壁垒，实际上可能会以不同的方式，影响到系统不同区域的几个链接，这很难用单个额外的节点来表示。这里所讨论的是，如何将壁垒纳入信息网络，以及该方法是否适用于预测引入新壁垒或采用现有壁垒可能造成的影响。如果某个壁垒影响到了节点间的联系，则可以推断，该节点的发生概率将受到影响。

不管怎样，如果概率之和必须为 1（即事件在 100% 的情况下发生），并且，壁垒正在影响到网络中任意节点发生的概率，那么概率差值就不会简单丢失，因此，我们必须考虑到它的可选方案。与热力学相关的绝热过程，是一个没有热量散失或从系统（如气体或流体）中获得热量的过程，无论系统内部发生了何种变化。同样地，航空网络系统中的概率也根本不会丢失或获得超出一个绝热型信息系统的概率值范围。如果这些概率值根本不会消失，那么，唯一的选择就是在网络内进行概率迁移；并且，假定开发网络模型的目标都是尽可能地综合，那么，这就会为预测系统内的概率值迁移提供一个范围。当然，理想的状况是，仿真研究可以让我们识别出哪些壁垒正在实施或发生变化，可以将系统中积极的或安全的结果最大化。这样的话，我们需要有测试预测能力的方法，预测壁垒在这些网络中的效用和反应。系统仿真是能完成此项工作的一种新方法。

调查通用航空事故

本节的内容是设计和方法，本节明确了在本章和第六章中使用的历史数据源。此外，还列出了作者利用若干通用航空事故创建数据库的方法。

数据仓库

英国航空事故调查局是隶属于英国运输部的一个执行机构，其职责是研究事关英国利益的民用航空器事故和事故征候，无论这些事故和事故征候发生在英国境内还是境外。戴维·金局长声明，英国航空事故调查局的目标是"通过确定航空事故和严重事故征候的原因，制订预防其再次发生的安全建议，借此提升航空安全水平，而不是分摊过错或追究责任"（英国航空事故调查局，2014）。

英国航空事故调查局负责调查通用航空器发生的大部分"值得报告的"事故征候，即那些航空器严重受损或人员受伤的事故征候。大多数事故征候均通过信件进行报告和处理，其结果在月度公报中印发。更加严重的事故，包括那些致命性的事故，由专门的调查小组进行调查，调查小组的人员组成与商业事故调查小组类似。

人们常常认为事故调查是一场硬仗，特别是其"积极"的一面——没有任何责备或追责的报道更是不易。然而，第三章提出的信息网络方法，重新评估了与实现充分调查积极因素可能性之间的偏离情况。该方法提出了一种调查显性失效的方式，通过详细分析情况，无须责怪与失效存在内在联系的各因素，因为其核心议题是系统网络某点上的沟通失效，该方式在第二章中说明了该方法的适用性和有用性。

第二章曾提到，线性模型会导致人们更加关注潜在因素的搜索，而牺牲了通常更具争议的显性因素。线性链路转移了调查人员的注意力，使得他们不再以探究事故形成原因作为努力的主要方向。本书认为，动态网络可以更全面地理解整个系统，而不必将节点分割为潜在节点或活跃节点（近端和远端）。这样，我们就不会失去与"潜在因素"之间的链接，而在链路中回溯很长一段。绘制了网络中各节点之间的联系，并有"实在"可视化的链接表现形式，更容易可视化活跃节点和潜在节点之间的链接。我们再次提出了动态、复杂的"活跃空间"概念——表明潜在因素和积极因素之间存在着千丝万缕的联系。在动态的世界中，潜在因素和积极因素是相同的，应该作为一个单一的问题共同予以解决，而不是分成两种原因分别对待。可以认为，信息网络方法试图识别显性失效，并通过对链路的研究，从而了解潜在的原因。这是 EAST 网络方法的一种自然发展，它不仅使用单个的网络，而且将网络结合起来，来识别弱点和潜在故障（斯坦顿，2014）。

为了将这一信息网络方法用于通用航空事故，本章的其余部分探究如何开发一个数据库，利用该数据库将历史数据代入网络中。这样，至少在表面上，其关注点是活跃因素，但仍希望，节点之间界定的链接可以突出事故征候背后的潜在原因和根本原因——第三章中的一个主题。

我们创建了一个可操控的贝叶斯网络，并从中获取经验教训，步骤如下：

1. 研究了英国航空事故调查局公布的共计 200 个事故的报告，并记录下了一系列因素（或信息元素/名词性词语）。
2. 一旦存在命题的链接或信息流链接，就将这些因素链接起来，最终形成一个信息网络。
3. 修改该网络的某一部分，让其适合于使用计算机语言将其转换为贝叶斯网络公式。
4. 根据前文收集的历史数据，给网络中的各节点（或链接）赋概率值。
5. 使用 MATLab 对贝叶斯网络进行编码。MATLab 是一个已开发完善的工具，内置了成功计算所必需的各种算法。

接下来，下文讨论了该方法的初步成果及其用途。在第六章中，该方法成为一种有效的新方法，采用仿真研究验证了贝叶斯网络的预测能力。

创建数据库

如前文所述，月度公报向公众公布通用航空事件，因此，我们根据对 2005 年 1 月至 2007 年 1 月期间公布的通用航空事件记录的分析，建立了事故征候数据库。出于简化的目的，我们采用的是轻型单发活塞固定翼（最大总重不超过 5700 公斤）通用航空器的事故，诸如塞斯纳 152（Cessna 152）或派珀勇士(Piper Warrior)均属于此类航空器。

由于现行报告方法的特点，以及向公众公布信息的限制，我们不可能为单个事件或分组事件建立全面的信息网络。然而，在研究新方法时，不应受到当前制约因素或缺点的限制，而应着眼于基于该方法开发新的报告机制，反之亦然。在此基础上，我们对英国航空事故调查局的每一个正式报告记录进行了研究，没有使用任何其他额外的外部信息，也没有受到任何限制性偏好的影响。根据上述研究，我们创建了一个事故报告因素的数据库。

首先，英国航空事故调查局将相关的事故征候按照"致因"和"结果"事件进行分类。飞行日期、航空器类型、所持的驾照、最近的飞行小时数、总飞行小时数、飞行的性质和飞行阶段等进一步的数据，均被记录了下来。表5.1列出了事故记录中起到关键作用的因素的样本。所用的因素推导方法，类似于第三章中创建信息元素所用到的名词类词语检索方法。

表5.1　示例：通用航空事故因素

源自事故数据库的样例		
振动	弹跳	风/颠簸/下沉气流
太阳低悬	结冰	指令性复飞（G/A）（非指令性 G/A）
起飞后发动机失效（EFATO）	意外失速	复杂运行过程（例如，噪声控制）

在用于分析的这200起事故征候中，有100起发生在飞行的着陆阶段，因此，在本章后面的章节中，我们将特别关注此领域。这种选择，以及基础数据，也反映了着陆阶段是发生通用航空坠机事故比例最高的阶段（林内、阿什比和菲茨哈里斯，2008；林内和阿什比，2006）。

开发一种贝叶斯信息网络方法

操控网络

我们列出了着陆事故征候的所有原因和结果因素，并画出了信息节点图，其中包含了可能的节点链接。图5.3显示了从节点到构建网络过程中的一个阶段。

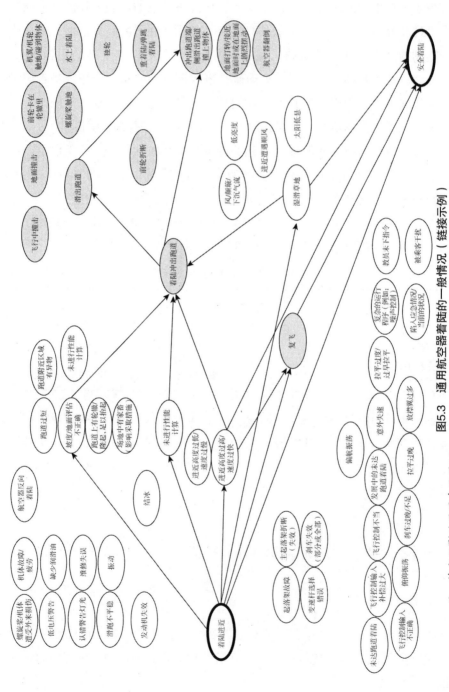

图5.3 通用航空器着陆的一般情况（链接示例）

注：节点阴影影响的设置参见图3.9

最初，我们对形成链接的、命名为"有"或"原因"的节点进行分层任务分析，利用上述分析中获取的知识对象来建立信息网络（例如，第三章中的那些）的模型。为了这项研究，诸如"进近高度过高/速度过快"的分类标签被作为节点纳入信息网络中，在节点之间画上连线表示可行的关系，以此代表可能的事件途径。根据这些节点的性质，我们可以将其中一部分节点作为"影响因素"（图5.4中的浅灰色节点），其他节点作为"中间结果"或"进一步影响因素"（图5.4中的深灰色节点），以及"最终结果"（图5.4中的白色节点）。更重要的是，每个节点分别代表了当时系统内存在的信息对象。此外，如果系统中没有信息表示某事件（即使是该信息不被注意），则该事件无法发生。节点之间的链接或箭头，表示了此信息网络的数据流，该信息流会产生出某种特定的结果。

为着手规划一个可行的网络，即一个可使用贝叶斯数学算式进行计算的网络，所有发生值为1的节点，要么被分在一组，要么被移动到"其他罕见事件"的节点中。这使得网络更易于管理，并仍保持着扩展的潜力，可扩展至包括数百个甚至数千个事故通路和附加节点，通路和节点的个数仅受限于计算能力，如本章后面所述。使用这样的方法，我们形成了图5.3所示的着陆的一般情况。

为了开发信息网络型场景中的贝叶斯元素，有必要隔离出一个较小的部分。这让节点更易于被条件概率所操控，从而生成贝叶斯网络。因此，为了进一步限制这一阶段所需要进行的计算，需要选择一个典型的"影响因子"——此处选择了"进近高度过高/速度过快"。只保留网络中与其有关联的节点，其他所有节点均被删除。"影响因子"——"进近高度过高/速度过快"在100次事故中出现了17次。与此网络通路相关的节点包括："着陆进近""进近高度过高/速度过快""重着陆""重着陆冲出跑道""冲出跑道"以及"前轮折断"。为保证完整性，还包括了"复飞（进近后未能着陆，并再次试图着陆）""决定着陆""其他罕见事件"等相关节点。

概率和可能性

每个节点的发生频率均被记录了下来，据此，利用邻接矩阵计算前驱节点发生的条件概率。图5.5显示了"进近高度过高/速度过快"着陆场景的简化信息网络。在每一个链接上，给出了100次事故中每个节点的非条件性发生概率。为了进行统计并与"复飞"节点进行比较，我们额外补充了"决定

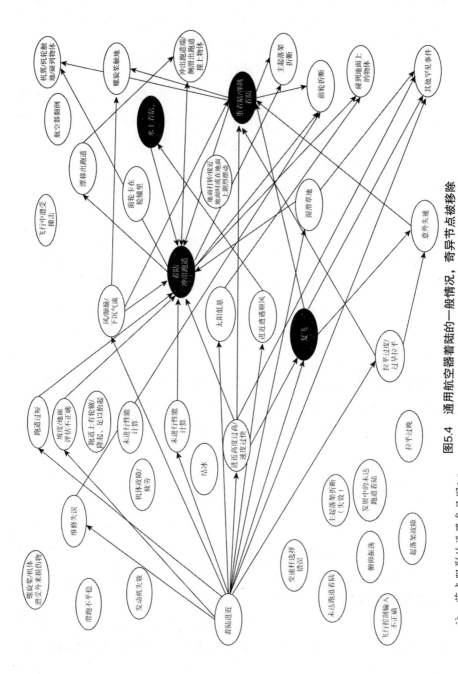

图5.4 通用航空器着陆的一般情况，奇异节点被移除

注：节点阴影的设置参见图3.9

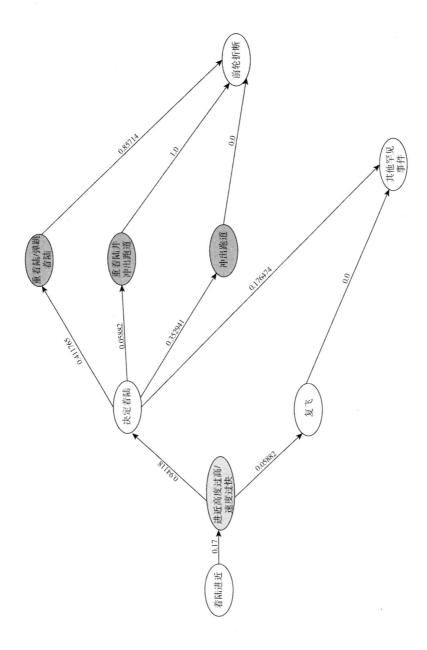

图5.5 设置了非条件性概率的信息网络

注：节点阴影的设置参见图3.9

着陆"这一节点。

网络一旦创建，也就能确定给定了父节点的每个节点的条件概率分布。通过 MATLab（一种数值计算编程语言）中的一系列方程，代入条件概率数据，我们就可以使用软件来操控这些数值，并计算出对贝叶斯方式中每个节点发生概率的影响（可据此研究壁垒对系统的影响）。

这些修改过的网络，大体上可以在一定程度上预测操控事件概率对整个网络的影响。

构建贝叶斯网络

如果要进行预测，并在该领域取得进展的话，那么，这项研究中使用的模型和方法必须是合适的，这一点是非常重要的。贝叶斯网络考虑到了前面章节中讨论过的所有必要的方面，这种包含了理论和算法的解决方案是方法的关键。MATLab 可以追加工具箱，用于执行复杂计算，因此，它可以与凯文·墨菲的贝叶斯网络工具箱（一个可下载的开放源代码，可补充 MATLab 算法）一起，成为一个可行的解决方案。

人们认为，这是一个发明贝叶斯网络类型方法的最佳平台，通过增加或控制某个壁垒来修改某一特定链接的概率，该方法可以发现所有可能的结果（即对相关节点概率的影响）。这样，就可以全面地识别信息，以及，当试图缓解信息网络所描述的事故通路时识别哪些所产生的差错和迁移路线。开发一个半自动化数学程序的好处是，一个如本文中所描述的简单网络的计算量都很大，而一旦这样一个数学程序被开发出来之后，我们总是希望系统能完成这样一个更大规模的工作。

下面介绍模拟一个简单的信息网络作为贝叶斯网络的建模过程，以及阐述基于历史数据给网络赋概率值的过程，第六章将会使用到依照此方式建立的模型。

必须把图 5.5 中所示的经简化的信息网络编码到 MATLab 中的贝叶斯网络。这个过程涉及有向无环图的规范。通过识别节点与其他哪些节点相关，及其方向（即，确定父节点和子节点，如图 5.8 所示），我们将图形网络转换为非图形化模型，这被称为"邻接矩阵"。图 5.6 和图 5.7 是程序中的代码，后面的段落解释了代码的含义。

在 MATLab 中，任何前缀了一个"%"符号的代码行，被称作注释行，通常是程序中的非执行代码。程序中之所以包含了这些注释行，目的在于更容易解读程序代码的含义。第 4 行代码简单地告诉程序，系统中有多少节点；在本程序中，节点数为 6。邻接矩阵告诉程序哪些节点之间存在链接，哪些节点之间不存在链接。第 6 行代码将邻接矩阵清零，然后，第 9 行和第 10 行代码通知程序存在哪些链接。在程序中，我们使用"DAG"表示有向无环图（种类繁多的网络），例如，第 9 行说明节点 1 链接到节点 2、3、4、5，其DAG 值为"1"。

接下来，第 12 行把每个节点定义为离散节点，即其具有若干可能的值；第 14 行进一步将节点定义为二进制节点，把节点标识为"真"或"假"，这是系统中是否出现该节点的有效表示。

```
TOO HIGH LANDING PLOT PROBABILITY

% nodes in graph
numNodes = 6;
% empty adjacency matrix
dag = zeros(numNodes, numNodes);

% set up adjacency matrix
dag(1,[2 3 4 5]) = 1;
dag([2 3 4 5],6) = 1;

discreteNodes = 1:numNodes;
% initialising row vector and set states to binary (x2)
nodeSizes = 2*ones(1,numNodes);

% name each node
nodeNames = {'1.DecisionToLand', '2.RareEvet', '3.Overrun', '4.HeaveyOverrun', '5.Heavy', '6.NoseWheelCollapse'};

close all
draw_graph(dag,nodeNames);
noseWheelCollapse = mk_bnet(dag, nodeSizes, 'names', nodeNames, 'discrete', discreteNodes) ;

%HvsO = zeros(9,9);

DA = 0.176471;
DB = 0.352941;
DE = 0.05882;
DF = 0.411765;
```

图 5.6　MATLab 代码屏幕截图（第一部分）

接下来，第 17 行给每个节点赋名，在第 20 行指示程序绘制一个图，显示所形成的网络，如图 5.8 所示。

与图 5.5 相比，我们可以看到，该网络仅从飞行员决定着陆的视角来建立模型。我们可以进一步扩展该方法，但在最初的探索性研究中，保持合理的理解水平，同时限制因扩展被测试网络而可能导致的额外错误或变量的数量，这一点是非常重要的。

```
% for ratio - 0:0.05:1 %moves probability mass on to just overrun and rare-event
% for df - 0:0.05:1 %iterate over probability of heavy landing

df = 0.411765/2;
diff = 1-df - DA - DB - DE;
da = DA + (diff*(DA/ ((DA+DB) + DE)));
db = DB + (diff*(DB? ((DA+DB) +DE)));
de = DE + diff*(DE/((DA+DB) + DE));

if abs(1-(df+da+db+de)) >0.00001
    keyboard
end

noseWheelCollapse.CPD(1) = tabular_CPD(noseWheelCollapse, 1, [1-0.94118 0.94118]);
noseWheelCollapse.CPD(2) = tabular_CPD(noseWheelCollapse, 2, [1 1-da 0 da]0;
noseWheelCollapse.CPD(3) = tabular_CPD(noseWheelCollapse, 3, [1 1-db 0 db]);
noseWheelCollapse.CPD(4) = tabular_CPD(noseWheelCollapse, 4, [1 1-de 0 de]);
noseWheelCollapse.CPD(5) = tabular_CPD(noseWheelCollapse, 5, [1 1-df 0 df]);
noseWheelCollapse.CPD(6) = tabular_CPD(noseWheelCollapse, 6, [1 1 1 0 0 0 0 0 1-0.85714 0 0 0 0 0 0 0 0

evidence = cell (1, numNudes);
evidence(1) = 2; %evidence that 'Decision to Land' is true

engine = jtree_inf_engine(noseWheelCollapse);
[engine, loglik] - enter_evidence (engine, evidence)

marg = marginal_nodes(engine, 6);
marg.T;

pC (countR, countDF) = marg.T(2)
countDF-countDF+1;
```

图 5.7　MATLab 代码屏幕截图（第二部分）

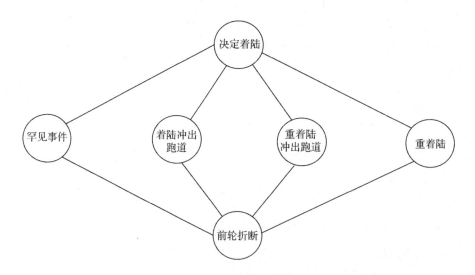

图 5.8　MATLab 编程的网络

　　现在，第 21 行指示程序建立贝叶斯网络，请参考前面的代码行。第 25 行至 28 行告诉程序要给每个节点赋概率值，即前期收集的历史数据中的发生概率值（第4节）。给每个节点分配一个字母来简化代码，如图5.9所示。

第35行允许用户定义"自由度"的值，这是第28行中"自由度"的新值（可变值）。正是这个值代表了发生一次重着陆的概率，所以，该值的变化可以被比作改变导致"重着陆"节点的壁垒的力度大小。

第36行至第39行对从"重着陆"节点"丢失"的概率重新分布进行编码。第36行确保任何时候概率值的合计值均为1，而第37行至第39行，根据其他节点的概率占比重新分配概率。这样，原始模型（已编码的）推断，"重着陆（节点F）"造成的丢失概率值转移给了"冲出跑道（节点B）""重着陆冲出跑道（节点E）"以及"罕见事件（节点A）"3个节点上。

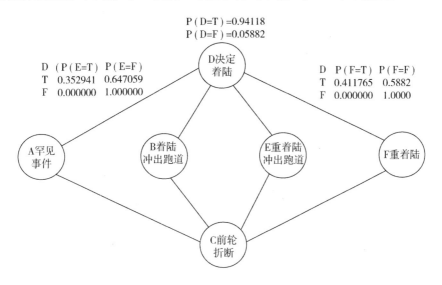

图5.9　MATLab 代码中所使用的网络图图示字母

第45行到第50行将通用航空数据库中的数据代入程序。贝叶斯网络使用条件概率分布（CPDs）为每个可能结果的概率建模。为了使模型在这个阶段可用，我们必须将每个节点视为互斥节点。这就排除了"重着陆"和"冲出跑道"两个节点同时为"真"的可能性。至少在表面上，这不会影响到网络的结果，其原因在于收集数据时，每个事件都被划分为相互独立的事件。通常，当两个节点同时为"真"时，条件概率分布为0。表5.2中给出了条件概率表（用来计算条件概率分布）的样表，条件概率表的顺序很重要，第一列必须以"假"开头，然后是"真"，接下来，"真"与"假"的顺序交叉出现。这样，如果节点彼此互斥，则每两个隔行的概率值的和必须为1。从表

5.2 的第 1 行和第 3 行中可以看出，如果没有着陆的决定，因为飞机没有着陆，"重着陆"节点值只能设为"假"。因此，第 3 行的概率值为 0。来自通用航空数据库的数据给出了一个重着陆的概率（假设着陆决定为"真"）为 0.411765（第 4 行），因此，为了让条件概率表发挥作用，第 2 行的概率值必须是 1，而第 4 行的概率值等于 0.588235。

表5.2　第 49 行代码的条件概率表（"重着陆"节点的概率）

节点 D	节点 F	概率
决定着陆	重着陆	
F	F	1
T	F	0.588235
F	T	0
T	T	0.411765

第 50 行代码说明了"前轮折断"节点的条件概率分布，其值为最大可能的选项——32，尽管由于节点间的互斥性，其中很多选项值为 0。（译者注：由于页面宽度的原因，第 50 行代码不完整）

第 52 行和第 53 行告诉程序"决定着陆"的节点值为"真"。这是为第六章将要进行的研究所设定的一个有用的限制条件，但是，在将来，可以通过在问题节点之前添加许多事实对其进行操控。接下来的四行代码，让程序在场景中运行，通过推理，生成概率的边缘分布。我们将结果视作边缘概率的原因在于，与实际情况相比，我们在分析中人为地减少了所考虑变量的数量。然而，这并不一定会导致数据不准确，因为历史数据的质量和节点之间的所有推断关系均已被纳入计算概率关系的推理机制中了。

为了测试网络代码，我们把第 35 行（df）的初始值设为 DF = 0.411765，进而执行该程序。在这种情况下，程序计算出"前轮折断"的概率为 0.2627。如果，如图 5.7 所示，将重着陆的概率设为上述值的一半，即 df = 0.411765/2，那么，我们计算出的前轮折断的概率为 0.1201。很明显，这并不是前面计算出来的概率值的一半，所以，网络模型中的关系并不是严格的线性关系。

本书第六章将在飞行模拟机中研究自由度的值。如果可以给壁垒赋一个值，例如减少重着陆一半的数量，那么程序可以尝试预测此举对其他所有节点的影响。尽管此处所使用的节点数量非常有限，但是，如果该方法被证明是有用的，或至少能产生积极的结果，那么，前面提到的扩展就不成问题了。当节点的数量太多而不便于使用第一原则和人工计算条件概率表时，系统可能会生成一个能自动填充节点的贝叶斯模型。

成果、局限和今后的工作

目前存在的局限

在一个新方法的开发阶段，重要的是要承认和解决目前存在的各种限制。这里讨论了克服和防止这些限制的方法，第六章还将就此做进一步的讨论。

本文的详细分析中只使用了具有负面结果的数据（即，100% 是飞行事故的数据），一般来说，这种做法限制了向与"安全的结果"相关的数据的转移，"安全的结果"是此项工作的核心要素。增加正面结果数据的使用并非没有挑战，但商业航空无疑已有设备和能力来记录和观察到大量的正常运行数据，应该可证明此种做法是有用的。然后，纳入这种混合结果的数据，集成综合性网络。在通用航空环境中，获取这样的数据是比较困难的，但是如果这个方法被证明是有用的，那么就可以采取行动来改进数据的获取。一旦纳入具有正面结果的数据，就会更加清晰地了解到，壁垒是最有可能导致概率向更积极的结果迁移的因素，或者，至少结果是，与其他网络操控方式相比，在此壁垒水平上，最终减少了起作用的负面结果的节点。

就贝叶斯信息网络方法本身而言，其初始形式的主要限制是把所有节点当作互斥节点来对待。在其发展阶段，有必要对所涉及的数学运算加以限制，以检验贝叶斯理论在信息网络中应用的性质。在 MATLab 中开发程序时，有必要纳入一些带有反馈循环的节点，也可以引入一些非互斥事件的关系。为了建立起达到有用水平的各种关系，其所需要的数据量是相当大的，所以，限制主要与数据处理相关。因此，可以通过更大的数据库和更复杂的网络编程来克服这个限制。

就此项研究和网络操作而言，主要限制在于可用的信息量和可用于填入网络的信息量。这实际上是为了发现一种新研究方法的潜力，可以采用更加复杂和更加自动化的编程过程，使得数据的任何增量都能满足维持此处所测试的基本理论的需要。

最后，在今后的研究中，需要进一步开发因素和节点元素的识别和使用。特别是为了这项研究的目的，作者根据事故编制了节点列表，在今后，还将开发一个相互评级和内部评级的交叉验证的方法，用以提高其质量。

有了这些限制和消除这些限制的可能方法，下面我们讨论本研究已取得的成果和今后进一步的发展。

本章的成果

本章所做的工作是利用贝叶斯数学方法的潜力，并结合新的信息网络方法来理解一个复杂的系统。

正如前文所讨论的那样，目前的文献倾向于认为通用航空事故和商业航空事故无法进行比较。诸如人的因素分析和分类系统等方法确实受到了此类局限，但这主要是由于事件分类和实现非自然分类法所遇到的困难，尤其是更高级别的层次分类方法造成的。这项研究表明，通用航空事故并没有本质上的不同，因为对于任何系统来说，通信和信息流都是至关重要的。这就意味着，分析可以在以壁垒和信息链接为中心而非结果为中心的网络中进行。无论是何种类型的信息或何种信息传递方法，仍可以利用信息网络对通信的基本过程进行建模。建模后，可以对通信中存在的失效情况进行更深入的调查，或者将重点放在潜在的信息泄漏和弱点上。这样，此处详细讨论的基于信息网络的方法，比其他方法更适合于研究更加广泛的航空事故。与该领域主要可比较的其他工作不同，该方法不受分类方法技术局限性的限制（勒克斯胡杰，2002 和勒克斯胡杰和柯尔特，2006）。贝叶斯理论第一次与系统性信息理论结合在了一起，并在克服与线性故障树和需要因果分类方法的限制方面显示出了潜力。在无须有事件或原因的情况下，可以整体研究一个系统，这标志着跨出了第一步。

该方法使用了历史数据来构建网络。由于航空事故的稀有性和可变性，利用历史事件数据很难准确预测未发生事件的结果，因此，此类数据的使用受到了很多的限制。然而，通过使用第三章所述的信息网络，使得下述做法成了可能：以一种不需要比较最终结果或事件的方法来使用数据，并且能在一个更高的水平上（即信息流和各个信息元素）比较航空事故的发生机理。此领域的这一发展，通过以壁垒（和链接）为中心，而非以标记事件或"分类"事件为中心，强调了特别关注的领域。某一特定链接失效的相关历史数据，可能会引发对该链接和相关壁垒或因素的进一步研究。这样就可以进一步了解究竟是哪个壁垒或链接，以及它是如何受到诸如培训、规章和扩展关联等的影响的。该链接可能隐含在一系列的结果之中，因此，通过理解信息网络层面的系统，我们不仅不会局限于试图用历史结果来预测结果，还可以研究更多的关系，对其进行建模，并且更加深入地理解这些关系。使用上述方法充分开发的程序，其结果可能是一个警告系统，因为与其他壁垒相比，某些壁垒会受到更频繁的攻击，或者更易引发负面结果。同样重要的是，同一壁垒可能会影响到许多不同的链接，这样，模型可发展成为一个具备完全功能的 3D 网络。第八章将探讨此方面的内容。

　　与许多概率风险评估方法相比，该模型的优点在于，其目标不局限于对结果进行精确预测。相反，其重点是突出相关的节点、链接、壁垒和因素。该方法的定量分析方面使得其具有客观性，并且，无视上一章的声明，使用了大量并非无用的数据。除了简单地预测某个特定节点或壁垒被激活的概率，该方法还具备真正理解系统发展机制的潜力。

小结

　　本章将信息网络作为一个综合性的定性和定量分析模型进行了进一步的阐述。通过消除传统分类方法的局限性，本章证明了，信息网络对理解商业事故和通用航空事故同等有用。虽然因前面讨论过的报告方面的问题，其详细程度还不够，但通用航空事故数据的可用性表明，这可以建立一个样本网络，并根据通过操控壁垒对该网络中其他节点产生的影响做出预测。这个想法可以被外拓至更大规模、更复杂的网络，并可进行编程，以克服上述局限性，这将在以后的章节中进一步研究。这种方法实现了从被动到主动的飞跃，具备预测模型的明确要素，并实现了调查研究型模型的终极目标。

　　本章开发的贝叶斯模型是第六章飞行模拟机研究中进行测试的基础。本章首次研究了是否可以用仿真研究来验证嵌入贝叶斯数学算式的信息网络的预测。这种方法，基于第七章详述的工作，未来将可能应用于商业航空业中。

第六章　是否可以通过模拟来验证源自事故征候数据的网络：一项试点研究

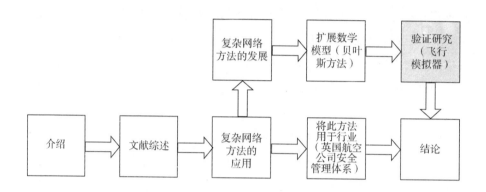

一项验证方法可以被验证吗？

本书继续将贝叶斯数学法与信息网络思维进行整合，因为它们允许我们不仅要界定危险源发生的可能性，还可通过整合任何特定危险源下的事故发生的可能性，来更充分地概述风险（勒克斯胡杰，2002）。比这更进一步的是，通过和信息网络理论相结合，我们可以消除对待危险源和事故这种方法的限制性。我们的分析可以建立在更深层次的信息节点上，这意味着分析可以在无视所感知到的责备、线性原因或甚至是一个消极负面结果的情况下进行。贝叶斯网络已用来表明系统内的关系，就像一个信息网络所做的那样，因此，这两种方法结合在一起才有可能成为一个强有力的分析工具。

以上的介绍明确了我们研究的场景，强化了本章和第五章之间的紧密联系。接下来，我们引入一个对参与者使用口头指令作为壁垒的思想，并参照以前的文献和可用性进行验证。引言这一部分最后的内容将着眼于使用航空模拟机来识别出这一新型的研究方法，这也是第一次使用飞行模拟来试图验证贝叶斯信息网络预测。

设置模拟机验证的场景

第五章关注的是信息网络如何可以沿着不同的路径发展，探索这种方法所具有的定量分析的潜力，而没有在立即适用性上出现局限。在给予充分的模拟或者现实数据收集的条件下，本章第一次研究是否可以验证基于条件概率数据的信息网络的定量预测。

这一研究和本章的目的，是通过实验室调查来验证贝叶斯网络预测性质的可能性。我们单独隔离了一架通用航空飞机的着陆场景顺序，是为了产生的和测试的数据其数量不会过于庞大，所以不会错过任何潜在的经验教训或发展潜力。在这一阶段，一本书中不可能完整地模拟整个飞行过程，因而为了保持恒定的方法，在第五章我们只是针对了飞机的着陆阶段。

如果尝试验证整个网络或全面使用贝叶斯理论应用于信息网络，这就超越了本书的范围。然而，正如本节标题所指出的那样，本章尝试发现在第五章使用的历史数据是否可以有助于预测和模拟真实生活中的场景。本研究试图开始这一进程，如果取得成功的话，那么，我们将发展并增加适用的范围。这个过程可以用于软件开发和数据管理传递。理想情况下，通过使用基于通用航空飞行与历史数据的综合信息网络，可以利用网络概率来测试飞行员培训和飞行规章改变的效果，然后通过模拟进行交叉检查。本章的设置试图引入这一理论可能性的验证，这是为了捕捉网络内的差错迁移以及鉴于特定具体的情况变化，绘制最好或最坏的情况。

贝叶斯信息网络和壁垒

第五章开发的网络是基于通用航空从着陆场景中收集到的历史数据。信息网络的节点用英国航空事故调查局的历史数据进行填充，没有使用分类法（例如，人的因素分析和分类体系等），这类分类法的技术到目前为止在文献中依然是众说纷纭。使用信息网络而不是因果失效树为基础的方法，可以更深入地了解一个复杂的系统，例如，航空业，而且无须受到线性模型的限制。信息网络建成之后，和在第三章中描述的那些设计类似，节点之间的联系使用可能性进行量化，而且为了捕捉到节点之间充分的相互关系，我们开发了贝叶斯网络。勒克斯胡杰、楚帕王和阿伦德特（2001）最初基于业务专家的评估来确定贝叶斯网络的值，然后开始整合各类历史数据。为了尽可能多地消除在这一阶段的主观性，我们使用历史数据来填充网络。我们希望贝叶斯信息网络能准确地反映真实的世界，以及在这项研究中测试模拟的世界。然而，很明显，我们需要进行进一步的工作来量化网络内的相互作用及模型，而且，这一工作将贯穿在整个专业领域内（艾乐等，2005）。

更进一步地来说，本章在勒克斯胡杰（2002）提出的思想上发展。本章在贝叶斯模型中引入了壁垒，并且操控网络内节点的值和链接，造成所有可能的结果和节点激活的变化。在未来，节点和壁垒的值可能按照值的分布（而不是在适当的地方所估计的点）进行量化（艾乐等，2007：1432）。

为了对所使用的因果树产生影响，勒克斯胡杰和科伊特（2006）讨论过在其贝叶斯思想网络中引入"技术"或"干预"。勒克斯胡杰和考菲尔德（2003）使用人的因素分析和分类体系为基础开发了贝叶斯网络，并试图评估基于分类方法引入壁垒后的相对风险。本研究要做的是让模型本身不受限于任何分级或分类技术，并且关注更深层次级别的信息（或差错）迁移，这个问题到目前为止在其他文献中还没有全面涉及。各类方法已经公布，用于尝试证明如系统危险源分析等系统内的关系。美国联邦航空管理局出版了一本手册（美国联邦航空局，2000），其中详细介绍了如何整合系统危险源分析（ISHA），以及美国安全性军用标准 MIL – STD – 882E（美国国防部，2005）是详细说明美国军事安全实践的知名文件。这两个文件明确了必须要完成的工作类型，以理解任何新的外界干预对于系统其余部分的影响，以及指出这些外界干预必须以维护事故风险的方式来完成（美国国防部，2005：13）。虽然积极处理这些事宜，但这些问题提出的层面级别很高，本研究项目试图解决部分问题。事实上，我们希望通过采用信息网络的方法，将显示信息迁移预测可以通过飞行模拟作为起始点进行验证。此外，信息网络通过删除特定事故或结果各自为政的现象，有可能真的显示被调查的特定事故情景之外的迁移情况，理想情况下突出显示对于调查人员不是立即明显呈现的那些感兴趣的节点。这样一来，这一方法的潜力在本研究中尚未充分发挥，但我们为未来进一步的调查研究打下了基础。

为了此研究目的，只是开发和测试一个技术或一个壁垒，或是从纯粹工程的角度来理解，这亦是不适当的。相反，即便将壁垒理论发挥到极致，壁垒也不需要物理形式的存在，在本书这种情况下，对于飞行员的强有力指令可作为一种干预措施：一个壁垒。美国安全性军用标准 MIL – STD – 882E 设想了较为广泛的壁垒，包括修改设备、外界干预、新技术或材料、技术和方法变化等；这使指令成为一种适用的外界干预方法。很强有力的指令影响网络内的节点和存在之间的信息流动，与物理壁垒以类似方式行为相似。这使得指令适用于在这项研究中进行测试，并且贝叶斯预测可以与飞行模拟结果进行比较。事实上，制定程序和培训作为事故风险缓解措施（美国国防部，2005：11）被认为是第四级方法（优先级顺序中最低的）来减轻灾难。因此，如果一个口头指令显示在此方法中能够发挥作用，那么，期望这些缓解措施具有更高的优先级（设计选型、安全设备和报警装置等）会在更高的水平上发挥作用，这是合理的。这样一来，该方法可以测试最糟糕的缓解措施，以及它对节点和网络/贝叶斯模型的影响。

模拟是否适合于本研究？

很明显，如果参与者被要求在潜在困难，或者甚至是危险的情况下操作真实的飞机，这对财务和安全有关的领域会有严重的影响。事实上，航空业在模拟机用于培训和实践领域是早期发展的先驱者，特别是计算机图形学和处理器能令人满意地重现真实场景的各个方面。萨拉斯、鲍尔斯和罗德耐若（1998）讨论了模拟机在航空训练中几乎每一个方面所具有的中心地位。因此，我们转向模拟机测试事故致因的模型似乎是适当的一种做法。

虽然，模拟机本身是非常昂贵的，例如，关注高保真、全动平台的机器，英国航空公司花费数百万英镑引入了这样的模拟机。而且，模拟机的运行成本也很高，它需要专门的综合飞行教员。英航的模拟机在2009年仅一个小时的成本就超过了400英镑，这并不奇怪。然而相反，相比于飞行英航一架真正飞机的小时成本，考虑到燃油、操作费用、进近收费及双机组，等等，显然，模拟机的费用仍然是非常便宜的。

对于通用航空也是如此。租用一架轻型飞机的费用差别很大，这取决于飞机的类型、机龄、座位数和位置等。全球正在开发的少量的轻型飞机模拟机，为培训和测试安全及飞机的性能提供较便宜的解决方案。英国布鲁内尔大学有一台这样的模拟机：Merlin MP521（图6.1）。

该模拟机为飞行基本训练和航空测试提供了一个划算的平台。尽管是全动的，模拟机的图形与保真度和大航空公司使用的类型比较起来当然还是有限的，但在合适的情况下，这台模拟机为我们的研究提供了非常有价值的工具。这个项目就是这样一个例子。我们验证一架轻型飞机降落过程中的一段网络的目的，不需要高逼真度和高度图形化的模拟，只要视觉提示类似于那些正常进近的情况，例如，仪器仪表、跑道和周围的视觉效果都具有，那么，模拟就是适合于本章研究类型的要求的。事实上，达尔斯特伦等（2009）经过一些针对文献的讨论，甚至会说，到目前为止，按照成本和时间方面的要求来衡量的话，技术驱动的高水平的保真度有时候只是浪费而已。

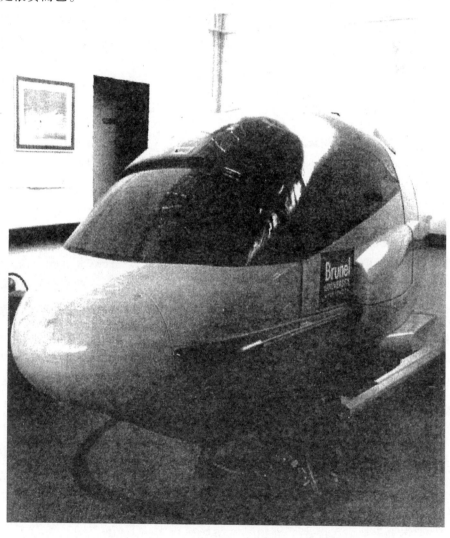

图6.1　布鲁内尔大学的 Merlin MP521 飞行模拟机

这个项目的目的是，考察使用模拟机来检验第五章采用贝叶斯网络做出预测的能力。我们希望的是，这项研究的结果能够为我们使用通用航空事故档案提供可能性。进一步来说，这项研究可以操控先前识别出的重着陆前的节点壁垒，使用口头指令来影响参与飞行员的行为，通过采取这种措施将减少重着陆的影响。然后，减少的因素可以进入贝叶斯信息网络，引发对飞机前轮折断事件变化的预测值。口头指令之前和之后，前轮折断的实际值将和网络统计预测值进行比较，如果发现类似，那么可以断定，信息网络的确具有强大的潜力，作为在真实世界中通过操控壁垒成为事件的预报者。

方法论

通过刚才的讨论，我们将通过飞行模拟来测试贝叶斯信息网络预测的原因和理论。本节将确定这项研究的方式，特别是强调了研究变量和实验设计，包括设备、过程和参与者等的情况。

设计

本研究采用了模拟机之内和之间 6 个情景方案的测试。其中 3 个场景改变了模拟飞行将要开始的起始点，参与者被要求执行着陆进近。若要测试网络预测，我们有必要研究一下冲出跑道和重着陆等的结果。因此，在开发的每个场景中，让参与者实施对固定长度跑道的进近和可能的着陆。飞机和地面接触的冲击力量（着陆重）和着陆距离（经过固定入口到飞机完全停止的地方之间的距离）进行计量、统计分析，并且和第五章的结果进行比较。在每个场景中，有可能进行一次成功和安全的着陆，但要增加飞机起点的速度和高度，以便更真实地反映更高或更快的进近着陆情况，这显然将会成为更严峻的考验。

表 6.1　研究中变量的总结

自变量1 （3 个层面）	自变量2 （2 个层面）	因变量1	因变量2
稍微高和快 高和快 非常高和快	没有指令 接收到指令	落地的力量	冲出跑道

表 6.1 总结了在此项研究中的变量。我们在前文中详细介绍了自变量。我们对于飞机着陆的力量（因变量 1）进行了测量，以参考飞机正常接地加速度的影响。这提供了最有价值的参考，因为这区分了哪些着陆被视为重着陆和哪些被视为不是重着陆。第二个因变量是冲出跑道，我们对此进行了测量，参考了飞机入口后到完全停止的距离。这有关于跑道的整体长度，因而做出了飞机是否已经冲出跑道的结论。由于所有的参与者都完成了所有的条件，因此，我们在参与者之内操作场景的变化。

由于所使用的硬件和软件的限制，本研究不直接测量飞行的技能。相反，我们的研究解决的是决策、能够理解简单的指令和基本的飞行技能的问题，并且通过使用伪随机的测试顺序允许实施任何改进。大多数参与者说，模拟机就像转换到了一种新型的飞机。因为每个志愿参与者都是第一次飞行这种"类型"的飞机，因此，在这个意义上来说，每一个人都是存在同样缺陷的。

如第五章所阐述的，网络被细分为更易于管理的部分，集中在着陆进近"太高/太快"的情景，这可以在模拟中进行（图 6.2）建模。

设备

设计 Merlin MP521 全动飞行模拟机的最初目的是教授学员所有的飞机设计原则，包括控件和气动模型的评估等。软件的基础是一个非线性的跨音速模型，具有六个自由度，允许重构模块到几乎任何飞机（从滑翔机到客机）的类型。

由于模拟机的图形非常有限，因此，通常通过增加屏幕上的信息数据，以弥补其他缺陷。对于模拟机研究而言，我们调整了抬头显示，以去除中央十字线、G 报数、纬度和经度读数、高度、速度和垂直速度等。相反，这些数据出现在标准格式的仪表板上（与塞斯纳轻型飞机相同），在控制杆的一侧。我们把模拟机控制面板和飞行员的视图集中到这里，以展示该模拟机的图形功能。图 6.3 和图 6.4 说明了模拟机的驾驶舱、仪表位置、控件和视觉显示等。

就感觉和控制方面而言，模拟机使用压缩空气来反馈给控制杆，还要控制全动体验。模拟机装有类似于一架塞斯纳轻型飞机的微调油门、控制杆、方向舵踏板和一套数字仪表，代表标准格式的高度、速度、俯仰、横滚和侧滑等。飞机模型行为的基础与塞斯纳 152 教练机相似（图 6.5）。

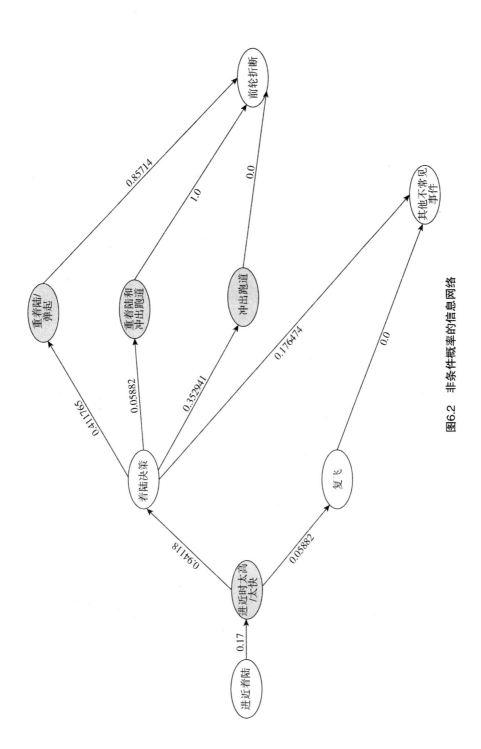

图6.2 非条件概率的信息网络

图6.3　模拟机内部视图

图6.4　标准模式的抬头显示器

注：摘自模拟机研究

图6.5　塞斯纳152着陆

资料来源：轻型飞机在多塞特康普顿阿巴斯机场（10121247933）。该图由来自英国布罗德斯通的伊恩·柯克提供，由tm上传。通过维基共享资源在创意共同归属2.0下获得授权——http：//commons. wikimedia. org/wiki/File：Light_ aircraft_ at_ Compton_ Abbas_ airfield，_ Dorset._ （10121247933）. jpg。

参与者

参与者被邀请自愿参加这项研究。我们给当地一家飞行俱乐部的500名成员发了一封电子邮件，收到的答复是，36个人想参加这项研究。这项研究参与者的资格，必须为持有至少私人飞行员执照的飞行员，所以我们不接受训练学员或飞行爱好者。在这36个人中，有30个人参加了模拟机试验，其中28个人飞行模拟产生了可用的数据，2个参与者的数据不可用，其中，1个参与者的数据在保存时损坏了，在其离开后也还无法判读其数据；另一个参与者（由于不希望对飞行员的行为强加变化或限制）实施欺诈，导致数据无法公平地和其他人的进行比较。

28名参与者包括26名男性和2名女性。年龄从25岁至63岁，平均年龄46岁。飞行员驾驶轻型飞机的时间在54个小时和1470个小时之间，平均为383（382.7143）个小时。

过程

由于使用的模拟机的性质和为了限制结果的变化，场景本身设置的比较简单。通过简单的场景和有限的结果来验证来自网络模型可能的预测值。

由于软件中提供的机场数目有限，我们选择了英国盖特威克机场作为场景的基础，因为相比另一种机场选择（希思罗机场），它周围的环境情况没有那么复杂。由于盖特威克机场跑道太长，为了有效研究轻型飞机冲出跑道的情况，因此，我们寻找了平行于主跑道的位于机场东南隅的一条滑行道当作"跑道"场景。本研究中的"跑道"长度大约为3118英尺（950.5米），是条柏油铺的滑行道，对于通用航空而言这是一条非常不错的"跑道"，这条"跑道"可比拟参加者主机场3330英尺（1110米）的草地跑道长度。

每个参与者到达模拟现场时，我们给予他们模拟机和其控制系统/仪表的指南，然后要求他们阅读初步的情况简介：

> 你是这架轻型飞机的机长，所有决定都是由你做出的，好比是在"特别的"飞行中控制你自己的飞机。在此期间你可以熟悉控制系统，你将在同一跑道飞6个进近。为了本研究的目的，不会记录第一次进近的情况。每个后续飞行将模拟在机场飞行的第一次进近方法。每个飞行将从模拟机冻结短五边进近的一个点上开始。当你准备继续时，模拟将开始，并继续直到你被告知这些飞行结束了。如果你的确决定要从任何序列中着陆，请尽可能着陆短，并尽可能地在接近入口处停止。在每个飞行后还有简短的问卷需要完成；在你的反馈中请完全说实话。你不要对你的表现进行判断，在这个实验室之外没有人会看到你表现的详细信息，同时我们无法在你飞行后提供反馈。
>
> 你有任何问题吗？

我们小心翼翼地回答任何问题，确保任何问题不会改变飞行员的行为或决策，例如，复飞等。

然后，我们给予每个飞行员一次机会先飞一圈，熟悉一下飞机的操作特点，然后从"正常"的600英尺（183米）的高度、80节的速度开始（模拟机冻结）作为起始点实施 3 个着陆进近。这是非实验性的任务，它按照如下进行了：

非实验性的任务

任务 1

1. *初始点*：在伦敦盖特威克机场滑行道入口；AMSL0 英尺；预设航向 080°；指示空速 0 节。

2. 自由练习飞一圈，飞行员熟悉飞机。在此之后进行 3 次实践进近到滑行道，熟悉本任务。

3. 识别出参与者的进近与着陆速度，如下所示：

$$V_{ref} = 65 \quad V_{fe} = 80$$

这个练习单元后，向每个参与者呈现了模拟机冻结 3 个起始位置之一：

实验性的任务

任务 1

1. *初始点*：1 海里最后进近伦敦盖特威克机场滑行道；AMSL600 英尺；预设航向 080°；指示空速 80 节。

2. 继续进近，目标是为任何着陆在指定首选的着陆区。

3. 测量正常轴撞击力和 08R 入口后着陆发生的距离。

任务 2

1. *初始点*：1 海里最后进近在伦敦盖特威克机场的滑行道；AMSL800 英尺；预设航向 080°；指示空速 90 节。

2. 继续进近，目标是为任何着陆在指定首选的着陆区。

3. 测量正常轴撞击力和滑行道入口后着陆发生的距离。

任务 3

1. *初始点*：1 海里最后进近伦敦盖特威克机场的滑行道；AMSL1000 英尺；预设航向 08°；指示空速 100 节。

2. 继续进近，目标是为任何着陆在指定首选的着陆区。

3. 测量正常轴撞击力和滑行道入口后着陆发生的距离。

正如前述，这三个任务的顺序是伪随机性的。参与者通过整个双向无线电联络，然后以伪随机的顺序阅读下面的介绍，任务 4 到 6：

> 对于剩余的 3 个着陆任务，作为这架飞机的机长，你要不惜一切代价避免使飞机出现重着陆。重落地就使你的乘客感觉不舒服，造成触地过度反弹，或以任何方式来让你的飞机处于危险之中。

这一附加的简短的动作是为了修改在"重着陆"节点前第六章描述的网络内的壁垒，而且，对于任何验证工作来说，这都是非常关键的。任务 4 到 6 和 1 到 3 的任务具有相同的开始特性，我们告知每个参与者每项任务结束的时点。

任何参与者的意见都被记录下来（匿名）；参与者的年龄、性别和飞行小时数都被记录在他们已完成的调查表上。

因为本研究是想考察贝叶斯信息网络更大规模的验证是不是可行的，所以，限制变量的数目以免破坏数据是非常重要的。因为我们的测试感兴趣的是在着陆力量和着陆距离，而不是刹车力量及距离，因此，所有参与者的飞机制动力量被设定在适度的水平，他们不可以增加或减少这个单一力量。我们在实验阶段开始之前，给了每个参与者精确的、相同的讲解和练习。跑道和飞行条件，包括控制感觉、视觉线索、起始点都是一致的。场景的伪随机顺序被用作是最可能的方式来限制随时间和实践的改进产生的影响。事实上，按照感觉和行为而言，飞行模拟在许多方面不像任何真正的通用航空飞机一样，这就意味着，没有参与者能通过过去驾驶一种特定类型的飞机而比别人具有更多的优势。

正如第五章中所讨论的，鉴于当前历史数据的程度和质量，我们可以认为，做出准确的预言会很难。然而，如果可以确定趋势和关系，那么，我们就可以从这种技术中引出很多的研究。有很多方法可以适用于这项研究中产生的数据，以识别出和测试他们之间的任何关系，这些将在下一节中进行研究。

结果

在本节中，这项研究的结果可以在几个层次进行讨论。第一，是一些有关于重着陆和冲出跑道一般性的观察，以及对收集的所有数据的高层次的总结。第二，数据分组为相似集，使用卡方检验指标进行检验。第三，研究连续的数据，并对结果应用嵌套的方差分析。虽然我们可以认为，方差分析和卡方检验存在差异，但二者都对结果提供了一个略有不同的观点。为了验证口头指令作为壁垒的有用性，每个方法都是有用的，第四，我们进一步探讨它们之间的关系。方差分析统计测试可能认为，一组或个人比另一组或个人出现了更重的着陆，但卡方检验明确指出了飞机重着陆是什么，因而，其通过与连续度量值的比较提供了一个明确的观点。在最后部分，"贝叶斯应用"返回到第五章中基于贝叶斯预测，涉及在这项研究发现的实证数据。我们希望从飞行模拟场景中获取的数据能够验证在贝叶斯信息网络中建模的关系。

一般性观察

试验中共飞行了 168 个场景（28 个参与者每人 6 个场景）。通过模拟机的大型机数据记录了测试的数据。然后我们将此后缀为 .asc 的原始文件修改为一个可用的数据输出，从数据记录中获取相关的数据。表 6.2 显示了一个参与者的数据解读。

表 6.2　从模拟机数据库获得的相关数据样例

参与者	场景	接地滑跑（米）	经过入口处的距离（米）	正常加速度
A	1	378.5786712	743.3316396	-26.97

表 6.2 显示了参与者和记录的 6 个场景之一的数据。表 6.2 第 3 列按照米给出了地面接地距离的测量。通过比较经度和乘以 78895.2 米（经度 1 的长度）从而计算出了这一结果。这距离是根据盖特威克机场（北纬 51°8′）的经度计算出来的。最短的接地距离是参与者 C，场景 1 中 219 米。最长的是参与者 Z，场景 6，接地距离 651 米。

作为更有用的说明是停止距离，表 6.2 第 4 列的数据表明了这架飞机经过入口到完全停止时候的距离（以米为单位）。基本观察值如上所述是在第3列。

第5列是测量飞机第一次接触地面的力量。度量单位是 m/s^2。最大的接地力量是 $-54.91m/s^2$（参与者 Y，场景 2），最小的是 $-10.24m/s^2$（参与者 D，场景 4）。平均是 $-19.6m/s^2$，标准误差为 $6.3m/s^2$。

总共在 168 个场景中有 30 个复飞，这是飞行员选择不继续进近的一种方法。

冲出跑道事件

总共在 168 个场景中出现了 22 次冲出跑道的情况（138 个着陆，不包括复飞）。如前文所述，场景被设计成为具有挑战性并增加冲出跑道高度机会，在三分之二的场景中高度和速度均超过理想的状态，因此，出于本研究的目的，此值是人工设置得高了。重要的是，因为被隔离了的网络部分是更高和快速的进近着陆。

从表面上来看，场景 1 没有冲出跑道事件；场景 2 有 1 次冲出跑道事件；场景 3 有 2 次；场景 4 有 2 次；场景 5 有 7 次；场景 6 有 10 次。不过，由于复飞数量各不相同，每个场景完成着陆的百分比（冲出跑道事件）是在表6.3 中呈现的，这更明显地说明，场景 3、5 和 6 中冲出跑道事件的次数增加了。

表6.3　每个场景冲出跑道事件的比例

场景和着陆次数	所有着陆中冲出跑道事件的比例
1（26 次着陆）	0
2（26 次着陆）	3.85
3（18 次着陆）	11.1
4（25 次着陆）	8
5（25 次着陆）	28
6（18 次着陆）	55.56

由于研究冲出事件中的原始数据还不全面，因此，我们需要对多个不相关样本通过交叉表程序对数据实施卡方检验（表6.4）。

表6.4　场景对比冲出跑道事件的卡方检验结果

皮尔逊卡方检验	值	自由度	双侧近似 P 值
	33.051	5	.000

我们可以看到，此卡方统计检验结果显示：冲出跑道事件的数量在场景之间存在显著的差异（p < 0.05）。然而，既然超过20%的预期频率小于5［在这种情况下50%（6个单元）］，那么，卡方检验就是不可靠的。要解决此问题的最佳方式是在未来研究中记录更多的数据。然而，我们可以将一些数据集中在一起分组，将场景1、2和3进行合组，场景4、5和6进行合组，然后重新进行检验。这是否会引起统计学意义上的差异，来支持口头指令（不要重着陆后）似乎会造成大量的冲出跑道事件。

表6.5　分组场景对比冲出跑道事件的卡方检验结果

皮尔逊卡方检验	值	自由度	双侧近似 P 值
	14.404	1	.000

卡方检验的值显示，在场景1、2和3组和场景4、5和6组中，冲出跑道事件的数量是显著不同的（p < 0.05）。这表明，该指令在第二个系列场景中要求不要重着陆，这实际上增加了飞机冲出跑道事件的可能性。在这一点上有必要回顾一下，伪随机顺序的检验是用来避免任何由于实践而产生的发展变化的。

然而，为了消除起始点的速度和高度在冲出跑道事件频率变化的原因之间的差异，我们按照以下方式进行比较：1、4组，2、5组和3、6组。结果都在表6.6中呈现。

表6.6　起始速度和高度分组场景的卡方检验结果

皮尔逊卡方检验	值	自由度	双侧近似 P 值
	8.861	2	.012

这次很明显，各组之间冲出跑道事件数的差异在统计学意义上不是很显著（p > 0.05）。这证实了，冲出跑道事件发生的差异是由于有关于重着陆的指令，而不是模拟的起始点之间的差异。因此，这一统计数字验证了使用口头指令作为壁垒的影响，清楚的是，这对网络和其结果具有统计学意义上的

影响。因此，可以得出这样的结果：在现阶段，壁垒出现会给结果带来显著差异。

重着陆

所以，既然我们发现，在指令之前和之后的场景中，冲出跑道的事件数存在统计上的显著差异，因此，我们可以对那些被分类为重着陆的事件进行同样的分析。

"重着陆"不是一个标签，可以非常客观地应用于"冲出跑道"事件。冲出跑道是偏离已定义的固定长度的跑道，所以任何超出这个距离的着陆都是冲出跑道。然而，重着陆的定义并不那么清晰。欧洲航空安全局的文件 CS-23（认证规范）（欧洲航空安全局，2003）概述了飞机所需的完全符合规范的可接受的方式。作为此文档的一部分，审批认证的飞机要求至少是4G。然而，这是指飞机整体和起落架的极限较低者。轻型飞机的认证要求是，起落架接受度达 2.75G（26.968m/s²）且无结构性损伤（欧洲航空安全局，2003）。相反，一个完美的着陆应该是1G的正常加速度，这时升力从机翼转移到起落架。为了本研究的目的，"重"落地就是正常加速度超过2G的值（19.6133m/s²）。这一数字基于欧洲航空安全局的文件 CS23.473、CS23.479 和 CS23.483 的要求，并且与英国航空事故调查局机务工程监察员及一位认证的飞机工程师讨论得出的结果。

如上文所述，复飞后138个着陆从这些着陆的数据中被去除了。在这些着陆的数据中，59个被列为重着陆，鉴于上一段的定义（剩下的79个着陆数据被认为是令人满意的）。进一步细分那些着陆数据可以看到，在场景1、2 和 3 中有 47 个重着陆（1、2、3 场景着陆中 67.14% 成功）。在场景4、5 和 6 中，有 12 个重着陆（4、5、6 场景着陆中 17.65% 成功）。

关于冲出跑道的数据，我们使用针对不相关多样本的交叉表程序生成的卡方检验来分析这些重着陆的信息，结果如表 6.7 所示。

表 6.7　场景对比重着陆事件的卡方检验结果

皮尔逊卡方检验	值	自由度	双侧近似 P 值
	35.841	5	.000

表 6.7 显示：通过卡方统计检验，造成飞机重着陆事件的数量差异在不

同场景是显著的（p<0.05）。在这种情况下，没有一个单元格的数据具有低于预期的计数，因此无需将样本组合在一起。我们认为，有关于不要着陆"重"的指令（以信息式网络形式引入的壁垒）已增加了冲出跑道事件的数目，并且减少了重着陆的数量，其达到了统计学意义上的显著水平（p<0.05）。

进一步的数据分析

接下来，我们可以使用连续数据进行分析，而不是上文使用的离散变量数据。这消除了数据需要按照定性术语的分类，如应归入"好"或"坏"的着陆，并允许更广泛的统计调查，以克服一些与此相关的限制。然而，由于"冲出跑道"一词是一个离散的标题，以下统计措施将比较机轮接触地面冲击力的影响，与入口后飞机完全停止的距离。这是类似于测量冲出跑道的可能性。与卡方检验不同，方差分析将比较两个不是重着陆或两个重着陆之间的差异，从而提供有关检验的另一种观点。

我们使用多元方差分析是为了确定自变量（限制重着陆）的确具有统计学意义，显著影响因变量，即，着陆正常加速度（接触地面冲击力量影响）和入口后的距离（冲出跑道的可能性）。

依据这个统计检验生成的值（对"拦截"和"场景"的多元检验都显示显著度为.000）表明，当通过口头指令以避免重着陆视为一组（p<0.05）的时候，其在统计学意义上显著影响所有的因变量。这改进了上面的数据分析，而且很清楚，口头指令（壁垒）是差异的核心要素。

再进一步来说，可能关注数据值中是否变化，和"入口后距离"与"冲击力正常加速度"有关。由于结果的性质，简单的单向方差分析并不足以揭示数值之间的显著差异或关系的真实程度。因此，本文采用双馈多变量重复设计（嵌套的方差分析类型方法），表6.8中显示了计算结果的概要。

表6.8　不同场景之间样本的方差分析结果

结果	概率值
指令	0.000
场景	0.006
指令＊场景	0.706

表6.8中的结果告诉我们，当我们研究正常加速度（重着陆）和入口后距离（冲出跑道）时，口头指令和场景的影响对于结果的影响都是显著的（p <0.05）。然而，p值是0.706，极少的证据显示，口头指令与场景之间的相互作用对于结果有重大的影响。换句话说，很少有证据表明，每个场景的结果是取决于口头指令的。这本身不是一个坏的结果，因为这已经表明，每个结果的影响都具有重要意义，而且更佳的是，对于场景结果的影响不会根据指令而更改，因此可以进行单独检验。然而，它并不提供有关任何两个变量之间的直接关系信息。图6.6和图6.7设计了在此统计检验的估计手段，分别用于指令和场景。它们显示了许多相似之处，在本节的下一部分我们将进行研究调查。

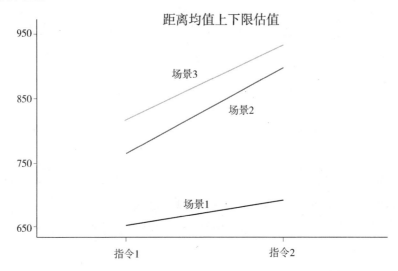

图6.6　指令对于过入口处距离的均数上下限估值的结果

现在，这些数据似乎表明，试验过程中的指令对于整体事件的结果，确实有统计学意义上的显著影响。然而，尽管上述每个场景之间存在一些真正的相似性，但是，在这个数据集中，入口后距离和地面接触冲击力之间可能不存在决定性的关系（统计意义上足够显著，是可以用来使用的）。若要检验这种假设，数据需要进行相关性（表6.9）检验，或检验变量之间的关系。

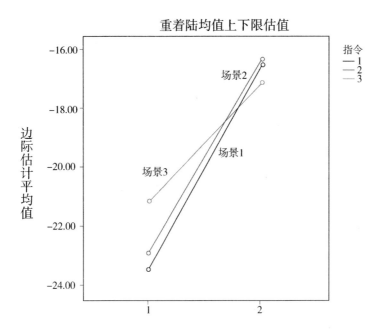

图6.7　指令对于正常加速度均数上下限估值的结果

表6.9　皮尔逊相关检验的结果

过入口处距离（米）	正常加速度	双侧近似概率值
	.096	.263

依据入口距离和接地冲击力的标准差，皮尔逊相关性把这两个变量的协方差进行了区分。相关性的值是 +1，表明其是一个完美的正线性关系；-1，表明其是一个完美的负线性关系。由于入口距离和接地冲击力之间的给定值是 0.096，我们可以看到的是，在这一级别的分析中没有明显的关系存在。以下的散点图（图6.8）直观地说明缺乏一个简单的显性关系。

我们可以使用统计分析进一步研究回归曲线、非线性回归曲线或重组数据，如前面章节所述，尝试创建回归关系。然而，在高级别数据不存在一个相关关系的前提下，这显然是徒劳的，因此，我们的假设不成立。

尽管因素之间缺乏明确的统计关系，但这些数据清楚地显示了上文所述和这里归纳的场景组之间的链接和差异。

本研究中，在去除任何复飞情景后，总共有可供比较的 62 套场景（例如，1 和 4、2 和 5、3 和 6 场景），删除任何复飞事件后可以进行比较。在这

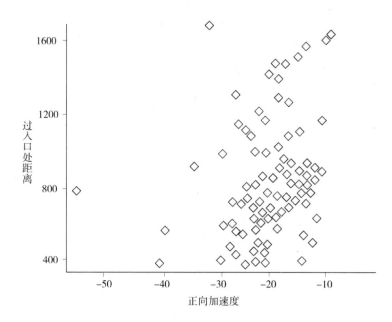

图6.8　过入口处距离以及接地力量之间关系的散点图

62套场景中，47个比较表明，1、2和3场景下的情况导致入口后全停的距离少于4、5和6的场景，比例为75.8%。

　　另外，在62个可比的场景集中，按照相较于场景4、5和6的场景1、2和3的正常加速度来说，60个显示出了更重的着陆，该比例达到了96.8%。

　　这些数字只是说明，为避免重着陆的口头指令会显著影响飞行员的操作，也说明，随着重着陆程度的下降，需要的跑道长度也增加了。

贝叶斯应用

　　回到第五章的贝叶斯信息网络，现在我们有了可以用来尝试验证可能性（或差错）迁移预测性质的原始数据了。在折减系数为0.2628的口头指令（壁垒）发生后，重着陆的发生率从0.6714下降到了0.1765。在MATLab代码中，自由度乘以0.2628可以得到新的自由度，然后执行程序。结果表明，前轮折断结果的可能性，从英国航空事故调查局数据可能性的0.2627下降到了0.0738（折减系数为0.2809）。

　　模拟机研究的数据表明，13例操作被认为导致了前轮折断（正常加速度超过了-2.75G），这导致了指令前（重着陆减少壁垒）前轮折断的可能性是0.17143（在场景1到3中，70次成功着陆中出现有12次）。

口头指令后，只有一次前轮折断（正常加速 > −2.75G）。这个结果发生的可能性是 0.014706（场景 4 到 6 中，68 次成功着陆中出现了 1 次）。

表 6.10 显示了任何偏离预测结果（原假设）显著性的二项式检验结果。检验结果表明，贝叶斯网络中前轮折断的可能性和基于贝叶斯网络前轮折断预测可能性的飞行模拟机研究存在着显著差异（在 $p < 0.05$），其值为 0.0738（由英国航空事故调查局数据计算）。

表 6.10 对于场景 4 到 6 的显著性二项式检验

二项式测试		分类	N	观察到的概率	检验概率	单侧近似 P 值
NWC	组 1	1	1	.0147	.0738	.035[a,b]
	组 2	0	67	.9853		
	总计		68	1.0000		

a 另一种假设指出，第一组案例的比例 <.0738
b 基于 Z 逼近

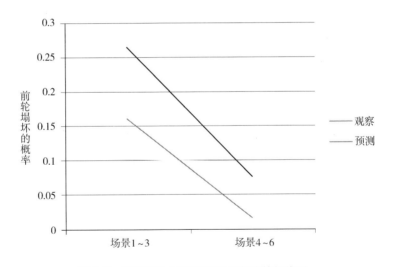

图 6.9 预测对比观察的前轮折断值的折线图

基于英国航空事故调查局的历史数据，场景 1~3 中前轮折断的比例预测值为 0.2627。这个二项式检验（表 6.11）显示，飞行模拟机实验中观察到的前轮折断的预测值和比例之间，具有统计学意义上的显著差异（$p < 0.05$）。

表6.11　对于场景1~3的显著性二项式检验

二项式测试						
	分类	N		观察到的概率	检验概率	单侧近似P值
NWC	组1	1	11	.157143	.262700	.026[a,b]
	组2	0	59	.842857		
	总计		70	1.000000		

a 另一种假设指出，第一组案例的比例 < .262700

b 基于Z逼近

虽然这些二项式的检验表明，数据集（英国航空事故调查局数据对比飞行模拟机研究）之间有显著的差异，但是，它们之间的关系是更重要的。图6.9表明，二项式检验中使用的预期值和观察的值所存在的差异。

尽管从绝对值来说，比例间存在不同的显著差异，但是，对数据的目测说明了壁垒之前和之后在可能性上有相对类似的变化。因此，关于预测壁垒的相对影响，而不是绝对值，模型似乎有一些有效性。我们可以进行进一步研究，来尝试规范或校准数据的关系，这将涉及增加飞行模拟机参与者的样本数量，更进一步地反映出英国航空事故调查局数据池。这些及其他使用飞行模拟机来验证这些数据的局限性，将在下文进行进一步的详述。

其他感兴趣的结果

在实验过程中，我们从实验本身之外获得了参与者的许多看法，以便于更深入地了解本研究。我们可以非正式地识别出一些不同类型的飞行员，包括那些更紧张担心犯错误的，以及那些其行为由于参与实验可能方式发生变化的，比如在安全的模拟机环境中，他们可能做出风险较高的选择。

对于那些在基础型通用航空飞机具有大量飞行时间，以及飞过农场机坪和小型机场的飞行员说，他们发现这次的项目非常困难，因为在人工环境中没有了"凭感觉、凭本能"的情况。一些参与者（虽然与参与者总数相比来说很少）说，他们发现很难着陆，因为没有其他附加的参考因素，包括风标和不现实的噪声等。继续这些实验并对性别与飞行小时的数据进行比较，而不是在对本章来说至关重要的纯客观的水平上，这将是一个有意思的进一步研究的话题。最后，一些着陆会被认为是不能接受的，不管所收集到的数据是怎样的。例如，某些飞行员从地面上相当高的高度就失速了，一些飞行员接近地面后极其错误地操控飞机，许多人使用襟翼远远高于限制速度。这些并非影响研究的关键问题，但是，将来可以进行进一步研究。

在所有的有意思的评论中，最明显的是，在操作方面，没有人觉得飞机是"真的"，由于图形限制导致的视觉线索问题，很难估计高度。这些都是当前通用航空模拟机不能避免的局限性，但如上文所述，总体上来说，它们对收集到的数据的影响很小。

讨论

首先，此验证研究完成了两个事情。它表明，历史数据在一定程度上可预测未来的事件。然而，它能够通过新的方式实现（研究凸显的壁垒，链路和节点会受更改的影响，或目前失效）而不是试图预测什么可能最终将自身呈现为事故。所有以前利用贝叶斯网络的研究，已经使用分类和最终结果分类，从而导致尝试调查场景（勒克斯胡杰和考菲尔德，2003）的方法。与此相反的是，这种新方法是系统病理学的一种研究，而不是表面性的研究。这是首次将贝叶斯数学和信息网络合并及用于尝试识别壁垒干预和网络内信息可能迁移的影响，不只是朝向一个线性链。

其次，我们介绍了一种方法，这种方法通过网络操纵链接和壁垒按照预测错误迁移的方式，允许使用一个类似于成本效益分析的方法。采用贝叶斯数学这种预测方法本身可以通过业务专家和其他因素操作，以便于为了获取信息或差错最有可能的迁移路线。这在第八章将进一步讨论。

在航空培训中使用模拟机，在航空事故调查过程中也会使用。然而，据作者所知，它们没有被用于验证在这一章和第五章中所描述的方法。我们希望运行这样的模拟可能实施有效的预测，以改善航空安全及限制差错移徙的破坏性影响。与系统危险源分析和整合系统危险源分析（美国联邦航空局，2000）以及前面讨论的作为美国安全性军用标准 MIL – STD – 882E（美国国防部，2005）高级别评估方法来说，这提供了一个更加客观的方法，来识别与系统内壁垒干预相关的事宜。看来，这种方法可能允许一名调查人员确定关系，这种关系在高级别的分析或美国联邦航空局（2000）提出的线性链主导的领域是不明显的；这样做，不仅通过贝叶斯数学和第八章中讨论的迭代过程，而且所示的网络设计简单清晰。

在具有统计学显著意义的基础上，这项研究的结果显示的是，较强的口头指令作为壁垒干预网络确实发挥了作用。这似乎是初步的证据。然后，我们可以考虑，对例如美国安全性军用标准 MIL – STD – 882E（美国国防部，2005）中所讨论到的所有其他的"壁垒"，使用一个类似的方法进行检验。在本研究中使用的着陆网络一直限于"太高/太快"的方法，以及限制性的结果和节点，以便能够手动计算数据。将来这可以扩大到更为复杂的网络和关系。然而，即使在这个阶段，证据已聚集表明了，插入一个壁垒对于在网络内已有的节点或其他节点（或激活）具有重大影响，因此，例如当壁垒限制"重着陆"节点插入，节点"冲出跑道"就更容易被激活了。在一个壁垒干预的情况下，我们可以将其扩大到更大的网络中以识别所有可能的迁徙路线的信息。

由于合适的科目数量有限，数据不能用于充分发现节点和链接之间的关系。不过令人惊讶的是，数据之间没有线性回归相关性，这是因为正在描绘和调查的系统本身就是非线性的、复杂的。然而，统计数据证实，数据内存在着统计学显著意义上的关系，更重要的是，实验数据与预测的英国航空事故调查局的数据之间也存在着可能的关系。此外，这项研究报告正如在引言中所阐述的，贝叶斯网络可以利用值的分布从而建模关系（艾乐等，2007），以及这可能说明解释确切值之间的区别，虽然仍可能存在关系。这给出了未来大量有意思的建立关系工作所需的基础，以及使用在第八章提及的一个迭代的过程，以试图充分预测结果。

第五章中识别出的"冲出跑道"的节点，在英国航空事故调查局的数据之中有一个后续的前轮折断的可能性。然而，这本身似乎不大可能，而且受限于被研究的事故数量。如果数据采取现场获取的值，我们可以看到，此事件的理想情况是要迁移差错到该节点上，这导致前轮折断的情况最大限度地减少。不过，为了支持这样的说法，我们需要扩大网络并继续验证。

事实上，这个项目的主要局限性在于，研究的着陆场景已经人为地隔绝了飞行系统。由于编程和测试所需的计算将会过于冗长，所以，这里需要这一步回到最初的阶段。一个基本的前提是，尽管可能只在一个相关的不准确的正在测试的定量水平上，即没有充分开发的飞行模型，但贝叶斯信息网络可以帮助我们预测差错迁移。

这种扩展最终会延伸到某一特定阶段的飞行，包括积极数据和完整的 3D 网络，甚至为相连的整个飞行系统一系列的 3D 网络。不过，下一步将采取几个并行场景，在信息网络中相互联系，以预测壁垒的强度和预测差错迁移可能性的潜在收益。未来的工作将需要更多的参与者、改进模拟机设施和研究通用航空事故更大的数据库，来发挥网络系统的作用。

总结

通过第五章和第六章，我们提出了信息网络的一个理论和实验扩展。这在合并信息网络功能和贝叶斯数学方法，进而产生一种走向预测和更好地理解更广泛的系统模型方面显示了真正的潜力。第七章将关注行业中的应用和模型的扩展，这也是本书研究宗旨的核心。

第七章 事故征候与事故：一项行业研究

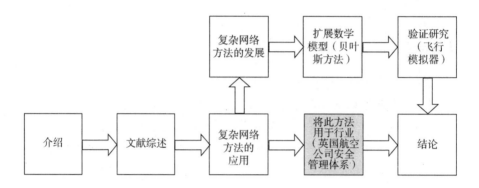

第五章、第六章探讨了使用贝叶斯数学理论的信息网络方法，作为一种事故调查和风险缓解技术增强的可用性和功能。这项研究包括在各章节所述的中心主题，包括商业及通用航空运输的比较和使用，以及解决占主导地位的线性模型的必要性。这项研究的最终目标，仍然是坚定地植根于适用性和可用性领域，以改进真实的非想象中的行业。

事故征候或"有惊无险事件"，可以定义为从局部渗透防御层，到所有可用的安全保障都被打破了，但没有出现实际损失的情况。如它们覆盖众多的问题，希望会为了安全发展而因此公布大量的信息。本章主要阐述目前行业处理事故的方式。事故征候和事故及其在事故调查中潜在的使用相关，我们在本书文献综述中进行过阐述。这项研究特别感兴趣的一个项目是，假设纠正整改行动没有停止事件链的发生，那么，这个事故到底是什么样的，其结果又如何。托马斯（1994）提出了一个"安全想象力"的愿景，借此他建议说，我们应该被迫自己去想象一个"有惊无险的事件"是如何发展到一个事故的。这反映出一种方法，我们可以假借事故征候的可能结果建立起相关于事故的实际结果。如果因果关系在事故和事故征候中基于一个共同的原因假设的确相当类似，那么，这个潜在结果的可视化就具有了使用潜力，我们可以将其作为一种工具用在未来的事故预防之中。

本章高度凝练这一目标，概述本书前几章阐述过的内容，紧密围绕实际行业，试图改进目前对于事故征候和有惊无险事件的使用状况。作者曾与英国航空公司的安全管理团队经理进行了大量的接触，这是一家传统型承运人和世界上最大的航空公司之一。英国航空公司对于我们正在进行的事故调查工作非常感兴趣，并寻找新的应用来推动新一代的事故征候报告和风险评级工具。本章中的大部分内容是解决这项工作的关键要素，并在总结部分提出本书的核心问题。

我们在本章中设立了与英航这项合作工作的架构，并为了清楚起见，概述了基本内容。

引言

第一，介绍了安全管理，重点说明了英国航空公司安全管理体系的发展过程。接着介绍了当前使用的模型与方法存在的主要局限性。这从相关的文献、业务专家和那些在英航安全管理团队工作的人员那里得到了许多支持。

第二，介绍整个行业的最佳做法，目的是建立在今天使用的主要显性模型，并且从中学习可用的经验教训。这一节最后总结在复杂风险行业中使用的占主导地位的模型和方法。

第三，介绍了解决风险的真正价值，特别提到其对英航和更广泛的航空行业社区的价值，这包括打破这个方程的限制：风险＝严重性×频率。

方法和结果

这个项目的下一部分内容着眼于发展替代的模式。介绍了在英国航空公司内风险评级和事故征候调查所使用的一种新模型。以此更进一步为读者提供了一个针对当前模型使用的全方位的方法指南。最后，关注新方法的验证和实施。

结论

然后，本章在更大的图景中返回到这项研究。与行业合作的优点和局限性将在下文进行解决，并且将讨论继续推进模型所需的进一步工作。

本节对读者非常有用，它展示了这项研究的当前状态，将其称为一个三阶段的过程。图7.1显示了这个过程，不仅说明了三个阶段的过程，也反映了本章分成三部分的章节。第一部分是本章在讨论之前，先阐述了英国航空公司的实践做法和安全系统；中间部分阐述了这项研究工作，以及英国航空公司现在的情况，这是一个过渡的阶段；最后一部分提出了新方法、新模型和英航的未来。

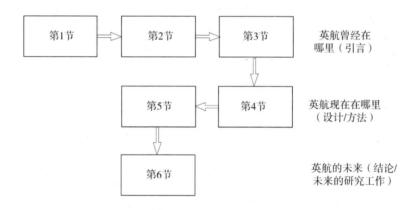

图7.1　英航项目三阶段的过程

行业内的安全管理体系

国际民用航空组织要求（国际民航组织，2010）如英国航空公司这样的飞机承运人必须建立起安全管理体系，并把它作为国家安全系统所需要的要素。国际民航组织安全管理体系的定义是：作为"系统方法来管理安全，包括必要的组织结构、职责、政策和程序"　[国际民航组织，2013：xii（定义）]。国际航空运输协会已经明确指出，安全管理体系应该能够识别安全危险源，必要时管理所采取的补救行动，提供一种方法监测和评估安全，不断提高组织内的安全水平（国际航空运输协会，2009a）。

国际民航组织公布了安全管理手册（9859号文档；国际民航组织，2013），里面详细说明了这样的要求。进一步来说，手册要求英航仍须遵守国家的要求，或以英航的案例也要遵守欧洲监管机构的要求。欧洲航空安全局（联合航空管理局的后继者）公布了一份文件（欧洲航空安全局管理用户手册第 1.037 段），其中阐述了欧洲航空安全局和国家运营商必须符合国际民航组织要求的详细信息。这些文件的确切措辞可以在欧洲航空安全管理局的网站上找到，但为了本章阐述的目的，任何此类安全管理体系的要求和目的就是上一段所述的内容。

英国航空安全信息系统的发展现状

在本节中，我们回顾了英国航空公司的英国航空安全信息系统其当前使用的安全管理体系设计及方法，这为下文遇到的问题和局限性进行讨论奠定了基础。

2009 年，国际航空运输协会将安全管理体系涵盖在其运行安全审计之中，这也符合航空公司越来越致力于安全和风险管理的承诺。然而，甚至早在 20 世纪 90 年代后期，英国航空公司已经打磨安全管理体系几十年了。正是在这个时候，英国航空安全信息系统在英国航空公司及外界获得了广泛使用，那时符合组织安全模型的普及，如瑞森（1997）、特纳和皮金（1997）等传播的模型。英国航空安全信息系统关键的三个来源分别是：航空安全报告、运行质量监控（飞行数据记录）和人的因素报告。英国航空公司对于提交航空安全报告（大约每年提出 8000 份）的要求规定了更严格的纳入标准，而且这比英国民用航空管理局强制性事件发生报告系统还要严格。航空安全报告项目主要是关注发生了什么，这是一个用于识别日常安全问题的优秀工具。飞行数据记录的是某些飞行参数的自动监测系统，比如涵盖速度、配置和操作特性等内容。飞行数据记录诞生于其前身——安全事件搜索和大师分析（奥利里、麦克雷和皮金，2002）。它对任何非标准事件（或正常范围限制以外的事件）都会自动进行记录，对数据可以进行进一步的调查。航空公司内还有一种期望飞行员自愿提交的航空安全报告，以配合飞行员接收飞行数据记录数据——揭示了个人最重要的正直和诚实的水平。公司最后决定自愿的人的因素报告问卷会送交给任何提交航空安全报告的人员。该系统是完全保密的，旨在吸引报告更多的信息，如事件为什么和如何发生的，而不是是什么样的事件。在人的因素报告与航空安全报告共同发挥作用的这一领域，我们可以发现积极安全管理工作中大多数的潜力，这就是本书的目的。这三个元素是英航事故征候报告项目（也是英航的安全管理体系）的核心。范德沙夫（1995）通过七步框架较好地描述了事故征候报告项目：

1. 发现（通常是通过报告）。
2. 选择做进一步的分析。
3. 详细的描述和调查。
4. 原因的分类。
5. 识别和计算模式和优先事项。
6. 针对建议调查结果的解释。
7. 评价和监测。

在20世纪初，世界上有超过100家航空公司采用了英国航空公司的航空安全报告系统，证明了这一系统具有很好的传承（奥利里、麦克雷和皮金，2002）。事实上，奥利里、麦克雷和皮金（2002）表示，在短短几年的时间内，航空安全报告和英国航空安全信息系统是整体提高报告和风险管理的安全文化的关键所在。从最早的winBASIS（当时英航安全管理体系项目背后软件的名称）在20世纪初被卖掉之后，英国航空公司着手开发新一代的英国航空安全信息系统，它被称为eBASIS，这个新一代安全管理体系项目今天仍在使用。

作为风险评估和确定优先秩序过程的核心部分，分析和评估报告主要是依赖于受过训练的调查人员的专业判断（麦克雷、皮金和奥利里，2002）。所以，目前接收到的数据如何在英国航空安全信息系统内进行分析？

一旦形成一份航空安全报告，公司就将它转换成电子格式，并输入到eBASIS上。承运人的专业判断决定了每个事故征候的显著特征，包括可能的因果因素，以及对飞行安全和运行完整性形成的风险。

分析任务有四个广义的步骤，具体如下：

1. 文本输入和评审技术细节概述。然后，写出摘要，以识别每个事件的显著特征、重要元素，如描述它们之间关系的那些元素，再推断其因果结构。
2. 为了对事件进行分类，公司采用了合适的关键字。这一步骤的目的是建立完整事件的数据库以便进行趋势分析。根据事件的不同层面，事件的发生地点，运行影响、技术原因和过滤特定事件等细节，我们将关键字应用于不同水平上的原因、结果影响因素等。

3. 风险类别被分配给每个事件，以便可以进行历史趋势分析，并提出响
应事件报告的优先顺序。虽然这一步不是非常清晰明了，但其考虑到
了每个事件对于飞行安全和商务运作作为一个整体的潜在影响。在初
始版本的eBASIS中，评估风险类别是依据一个涵盖严重程度与再次发
生概率的3×3的风险矩阵（跨行业的标准化风险矩阵）来完成的。
后来，这被一个5×5的风险矩阵所替换，这一次也是基于风险分类的
标准理论，但是，目的是进行更多的详细分析和趋势分析。这一风险
分类过程产生了一个从A到E5个点的顺序排列。（表7.1）

表7.1　英航飞行安全风险评价矩阵

严重性	事件				
	极少	低	中等	高	非常高
非常高	100（A）				
高	71（B）	86（B）	100（A）		
中等	35（C）	43（C）	55（C）	71（B）	
低	15（D）	19（D）	25（D）	35（C）	
极少	1（E）	3（E）	6（E）	10（E）	15（D）

4. 一些事件需要进一步行动，比如进一步调查或对参与这次事件的人员
进行回访。这些行动依据A－E评级（表7.2）在eBASIS中分布，并
可以由安全数据人员进行监控。最后，当所有所需的步骤完成，而且
没有采取进一步的行动，那么，事件就可以关闭。

表7.2　英航飞行安全风险评价指南

风险	响应
A	英国航空事故调查局/国家调查
B	公司/BASI 4
C	要求部门实施行动
D	只需要监控
E	只需数据统计

注：给定事件的序数值是依赖于公司对于该事件的响应；依赖于安全人员和调查人员
的专家判断进行分配（麦克雷、皮金和奥利里，2002：103）。

关于打算如何使用航空安全报告、飞行数据记录和人的因素报告数据以及如何进行最初分析，这些有关的进一步资料，可以在奥利里、麦克雷和皮金（2002）等文献中找到。

使用限制和进一步发展的要求

本章的其余部分旨在强调和解决英国航空公司在其 eBASIS 工具当前使用中所面临的一些问题。英国航空公司负责安全的经理对于当前系统的一定局限性表示了关切，并正在寻找创新和新颖的方法，以统一的方式制定和采取做法推动安全管理体系向前走。英国航空公司对于在这本书内的模型很感兴趣，要求我们努力把它们应用到公司的安全管理体系之中。因此，我们很长一段时间是和英国航空公司安全管理团队合作共同进行研究。为此，我们希望对系统调查采取基于网络的方法能引出一个更有用、更主动的安全管理方法。

如上所述，有大量的来源提供安全数据和信息。然而，开发安全模型和方法的关键是改进安全数据如何收集，以及这些数据的结合力和统一性，更重要的是，它们是如何采取行动的。这种情况在一个组织内部，如英国航空公司这样一种安全数据需求越来越单边依赖服务和设备的组织，尤其如此。在与英国航空公司的安全管理服务团队讨论大量问题的过程中，我们强调了对于当前系统和可能会导致潜在改进的领域的关注。

本节的其余部分突出强调了 8 个关键问题，作为当前讨论和研究 eBASIS 安全管理体系系统期间的领域。从这之后，我们详细介绍了这些问题，并且以两个小案例为例提出我们主要关切的问题。在这一节结尾处，通过参考最佳实践和文献，我们要找出改善这些情况的方法。

频率偏移

英国航空公司当前风险评级方法主要的关注点是：当前使用的矩阵显然意味着较不重要的事件被认为对于运行而言具有严重的影响。通过使用以前的矩阵，可能性和严重性按照它们对事件总体得分的影响来说具有相等的值，所以，如果一个事件具有异乎寻常大的可能性，尽管只是很低的严重性，那么，这个事件可以呈现出不成比例的风险。当前系统内存在的问题是，如果事件的风险等级为 1，而它发生了一次，那么，其值为 1。然而，如果其可能性增加了，比如到 10 了，那么，突然之间每个事件的值将为 10（即，风险

1x 可能性 10）。如果发生了 10 次，那么就等于公司风险为 100 了。这种对数的出现扭曲了企业的风险数据。

缺乏理论模型和黏着力

在 20 世纪 90 年代建立 winBASIS 系统的迈克尔·奥利里及其团队，主要依赖于一些业务专家，通过这些人的知识和判断运用风险评级方法。这在下面 e、f 和 g 事宜中存在其固有的问题，而且因为也没有坚实的科学模式作为基础，其发展可能会受到阻碍。

D 级和 E 级事件的颗粒度

一家航空公司内，大多数事件记录和报告都是低严重性的，因此，这些事件适合被归入英国航空公司所分类的 D 级或 E 级事件。因为大多数事件都报告在这一级，而且，它们之间只有 0—100 的风险评分的变化，所以，往往是很难获得其中的颗粒度，它们之间的这些降额度可以允许我们分离并进一步研究特定事件和事故征候，以及将严重程度根据重或轻进行单独分离。

五个不同的风险评级矩阵

当前系统的核心缺乏坚实的科学基础，每个部门制定了自己对于事件的解释与分类、评分等级要求和甚至评级矩阵。有从 3×3 矩阵转向 5×5（表 7.1）的，但这并没有产生增强的如预期那样的颗粒度。这显然是不利于把一个系统作为整体来反映的有凝聚力的安全管理方法。为此，英国航空公司力图采取步骤来建立共同的事件管理系统。

保留知识

目前，英航非常清楚他们在过去 10 年或 20 年间培育和发展的知识水平。然而，目前的方法留下了很少的、真正的机会，可以将个人知识转化为系统知识，因为针对英国航空公司实施风险评级的个人培训只是将一个合格的员工进行传帮带。由于这个原因，特别是考虑到现在在岗的安全专家可能会离开，新人们将会替代他们，学习和保留知识目前是安全管理团队优先关注的事项。一个考虑更加全面的框架所能提供的，是个人培训和发展专门知识的机会，而无须依赖于一位经验丰富的安全专家。

评级的主观性

对于事件评级没有明确的指导方针，往往是某些事件在特定的时间被视为关键或重要的，并且这些比一些其他事件经常受到更多的关注。由于风险评级主要取决于专家各自的经验，评级的主观性可能会影响基于风险的决策结果。

复制评级的潜力

随着主观性和个体知识和经验与客观性、系统或集体性知识之间的对比，特别是个体风险评级人员之间，复制风险评级存在许多问题。

运行与职业风险

对于英航当前的风险评级方法来说，这些已经发展成为两个截然不同的风险领域，而且，再一次，我们将寻求一种有助于将所有方面集中在一起或者至少使它们能够整合在一起的方法。

对那些确保航空安全具有高层责任的人而言，问题在于要识别出最高的优先事项，以确保他们正在有效地使用资源（罗斯，2008：1381）。因此，风险评级的方法或安全管理体系的最基本要求是，从任何一个这样的过程中产生的最高优先事项确实反映出了系统最严重和最相关的安全问题。上面的 8 个问题说明，当前 eBASIS 的迭代情况并非总是如此。安全管理体系团队经理向英国航空公司董事会已提交了基于风险的定期安全报告，并识别出了关键领域或问题，公司能最好地利用资源，比如从时间和金钱方面来改善安全。英航的管理团队报告说，在这些管理会议期间，上述问题的统计数据实际上是被扭曲的，一些高严重性、低可能性事件被置于了不明显的位置。对风险评级和安全管理一个新的和与众不同的方法来说，这是一个关键的问题。核心问题的识别频率目前发生了偏移，因此各种努力和资源被浪费在错误的领域之中；这就意味着，"风险"在传统的可能性和严重程度矩阵中作为一个值并不足够，这在下文将进行更详细的阐述。

在采访和观察 winBASIS 专家级的过程中，麦克雷、皮金和奥利里（2002）报告说，英国航空公司安全信息系统内所有飞行安全事件报告的分析和风险评估依赖于经过培训的调查人员的专家判断。还有一种危险，将上述方法作为唯一的一种方法，并不保留知识和信息，但这也强调了主观性以及缺乏坚实的基本原则和客观限制的一些问题。麦克雷、皮金和奥利里（2002）说："专家可能拥有不同的事故模型和人为差错的隐性模式。"卢卡斯（1990）阐述了个人以所有其他人为代价而持有的三种一般模式：那些专注于个体的（健康和安全或胁迫等问题）模型；基于将看到的视为更传统的风险管理重点的模型（工程和人机界面）以及融合了组织安全的系统安全方法。这似乎在英国航空公司内发生过，使得每个部门产生了略有不同日常工作事项的不同风险矩阵。

由于依赖专家和专业知识（尽管有必要重申，这些个人的确具有很多知识，经常完成一些了不起的工作），主观性的问题被提到了前沿，因为我们看到，"评估人员"评价个别事件的风险或其潜在的因素，似乎偏重于最近发生的类似事件和可能性，或每个分析师记在脑中的当前感兴趣的主题（麦克雷、皮金和奥利里，2002）。如下是作者的个人观点，这种形式的偏见可能是一种导致重要的和根本性的问题被错过的方式。因此，我们要有一个更客观的结构进行处理和跟进，而不管那些"热点问题"（在安全报告和讨论中使用的一个英航术语），这才会言之有理。我们现在知道，最近发生的事件（因为最近或"热点问题"的偏见影响）总是无法预测未来的事件，但重复发生的安全差错（即突破屏障）可能会预测未来。这就回到了第二、五和六章涉及的文献，最大化事故征候事件的效用，作为一个整体来理解系统的安全问题（例如，参见德克尔和霍尔纳格，1999）。

麦克雷认为，英航的航空安全报告"主要依赖于受过训练的调查人员的专业判断"（麦克雷、皮金和奥利里，2002）。因此，安全管理体系想要取得进展的关键是，我们需要研究如何删除主观性和增加客观性，以及改善知识的保留，减少可能性的偏差，尽可能多地解决上述的 8 个问题。

下面，我们介绍两个两极化发展却同样重要的例子，当他们解决 eBASIS 和安全管理体系目前面临的许多缺陷和问题时，这两个例子形成了英航有关安全讨论的核心问题。

示例 1：包从行李架上落下

英航每年运行大量的航班，因此承运了大量的行李和乘客，有时会出现起飞前或飞行中行李从头顶的行李舱掉下来的情况。这些都被认为是高可能性的事件，但由于经常没有伤害或损害发生，对生命的威胁很小，它们被列为低严重级别的事件。然而，高可能性的压倒性影响扭曲了英国航空公司的安全数据，表明这是英国航空公司必须面对的最大危险之一。安全数据团队在上报董事会时，明显对此类数据提出了警告，然而，在发生频率决定不安全事件方面具有太多影响力的情况下，这就是一个更大问题的征兆。

示例 2：法航 4590 航班（协和飞机）坠毁，2000 年 7 月 25 日

此事件是上面行李掉下情况完全相反的一种情况。正如大多数的事故，飞机坠毁从性质上来说是极为复杂的，但是我们欣喜地看到，这是可能性非常低的一种事件类型。对于英国航空公司来说，重要的是，此事故是否会发生在他们的航空公司，事件是否可以预防。这不一定有必要从法律或道德的角度来看，但更具体地来说，我们要从事件发生之前围绕在它的信息和可能问题的角度来看。如果发现的确存在一种方式，英国航空公司的安全管理体系是否能够获取这些问题并有效地强调真正的风险？或者，当前安全管理体系是否存在相对不重要的安全事项丢失或隐藏了重要信息的可能性？

由于与英国航空公司安全管理团队的合作，我们可以在这一点上实现本节的目标。为了有效地进行总结，最好是回头参考范德沙夫（1995）的七步框架。我们使用的模型和方法会推动侦查（报告）的产生，因此，在当前的报告实践没有施加限制的情况下，我们进行这个研究是极为重要的。对于模型来说，必须要选择一个进一步调查事故的方法，所以，我们需要一个报告级别或分类。我们需要对每起事故征候都有更多的了解，所以，要有一种方法，鼓励风险评分人员充分审查每起事故征候，包括其背景和结果，这是至关重要的。要使这个方法有效，我们也需要提高解决重要问题的能力。有一个方法反馈和评价途径也是很有利的，这也是一个重要的考虑因素。

"他们已经重新标记了，你这个傻瓜！"[1] 对于航空行业和之外其他行业最佳做法的综述

本节和下一节（本研究引言的最后部分）将研究更广泛的航空和其他复杂的风险行业实践。这识别出了行业内的不足，以及英国航空公司内部流程中的不足，以支持下文中一种新方法的发展。复杂系统与风险文献内的主要

---

[1] 《我是艾伦·帕特奇》，英国广播公司/史蒂夫·库根，1997。

行业包括航空、铁路和石油化工加工等行业。这些领域对当前的实践进行了综述，以确定哪些模型已经在风险管理中得以应用。我们发现，在航空行业内外虽然有大量的事故调查技术，比如人类因素分析与分类系统（查普尔和魏格曼，2001），但实际风险评价和安全管理方法等集中于矩阵模型。危险与可操作性的研究（克洛茨，1983）也很好地应用在了这些复杂的行业，但它们往往变得笨拙和耗时，因此使它们在英国航空公司每年大量的事件报告中的应用变得不切实际。在绝大多数研究事故和事故征候的技术中，当前格式的e-英国航空安全信息系统一定程度上也是如此，从本质上来说都是分类方法。如标题所暗示的（某种程度上只是幽默讽刺的说法），这些方法存在一种危险，即，这些事故征候或事件只是按群组合在一起，并且重新命名而已。这可能有助于理解安全和趋势分析的当前状态，但很少能进一步地真正洞察什么藏在下面，也就是说，系统的病理在哪里。然而，这并不是说，当事件需要它或者是足够重要时，排除使用其他分析方法。相反，每天都在发生事件，但是我们还没有找到英国航空公司要求的合适的模型。

事故调查方法论对于在系统内进行实际的打分用处不大，而且它们都是，或者是因为，与对一个事件使用非常严重的风险评级方法配合使用的。特别是，在石化行业的很多工作，需要调查研究更先进的、脱离严格矩阵标准的方法。以下各段总结了目前行业标准的主要方法，并突出显示了需要改善的地方，以及该方法没有符合英国航空公司要求的地方。

到目前为止，基于"风险＝可能性×严重性"的风险排序矩阵，仍然是用于安全关键行业最常见的风险排序方法。从来自于铁路、石化、健康、海运和航空行业等文献和工作文件全面回顾，没有显示任何安全模型不是基于"风险＝可能性×严重性"结构的。特别是在航空业，这不足为奇，因为迄今为止，eBASIS就是建立在航空行业风险排名最成功的实践基础上的（即，winBASIS）。

即使在风险矩阵内部，各种变化也取决于预期输出。下面的表7.3、表7.4和表7.5（Railtrack，2000）说明了这些差异。在所有的矩阵中，评级越高，这个危险源就越能获得更多的优先权。然而，我们看到的是偏差和对反映公司最关心的是什么的风险排名表的偏移。

表7.3是基于严重程度和可能性的矩阵加权方法的最简单、最常用的图标类型。在这里，表中的数字由乘法模型推导而得，即，可能性×严重性。表7.4是

一些从业人员的首选，因为它将相同的分数分配给了每年等效死亡率相关联的风险，由于在性质上是增加的，即，可能性＋严重程度。另外，表 7.5 将类似分数分配给了每年等效死亡率相关联类似数字的风险，但也偏向于将更高分数分配给了更严重后果的风险；它是一种基于增加严重性产生评分增加的加权模型。

表 7.3　危险源评分矩阵样例

频率	可能伤害/损失的严重性				
	5	4	3	2	1
	多人致死	一人致死	多人严重受伤	严重受伤	轻微受伤
5 = 每天 – 每月	25	20	15	10	5
4 = 每月 – 每年	20	16	12	8	4
3 = 每年 – 每 10 年	15	12	9	6	3
2 = 每 10 年 – 每 100 年	10	8	6	4	2
1 = 少于每 100 年	5	4	3	2	1

表 7.4　偏移的危险源评分矩阵样例

频率	可能伤害/损失的严重性				
	5	4	3	2	1
	多人致死	一人致死	多人严重受伤	严重受伤	轻微受伤
5 = 每天 – 每月	10	9	8	7	6
4 = 每月 – 每年	9	8	7	6	5
3 = 每年 – 每 10 年	8	7	6	5	4
2 = 每 10 年 – 每 100 年	7	6	5	4	3
1 = 少于每 100 年	6	5	4	3	2

表 7.5　具有偏差的危险源评分矩阵样例

频率	可能伤害/损失的严重性				
	5	4	3	2	1
	多种致死	单一致死	多种严重受伤	严重受伤	轻微受伤
5 = 每天 – 每月	25	23	20	16	11
4 = 每月 – 每年	24	21	17	12	7
3 = 每年 – 每 10 年	22	18	13	8	4
2 = 每 10 年 – 每 100 年	19	14	9	5	2
1 = 少于每 100 年	15	10	6	3	1

尽管用户具有操控这些风险矩阵模型的能力来放大某些类型事件的重要性，但是，这些受到输入数据的质量和类型的限制。为了发展当前英国航空公司开发的风险评级系统，研究当前这套矩阵系统是一个自然而然的出发点。当前使用中的矩阵是相对简单的，通过搜索文献，特别是公共及私人机构的风险文件，发现了对这些方法的大量改进成果。通过添加额外的广泛分组，有可能扩大这些矩阵的适用范围。这样做将允许矩阵更大规模的跨部门整合，并且减少在用不同模型的数量。这将有利于整体的风险方法和安全系统，因为它将有助于验证和支持跨部门以及组织整体层面上的分析风险（例如，在提交董事会的报告中）。其他分组（例如，工程或客舱乘员组报告）可能导致来自不同领域的几个主题词，因此提供了基于整个公司范围内实施的类似风险排名。

不过，既然这些矩阵仍然是基于刚性的"风险＝可能性×严重性"结构，那么，它们就都不会克服 eBASIS 中存在的问题，这些问题在提出所需的信息过程中限制了发生频率的有效性。必须消除这种偏移，使我们不能单独根据严重程度和可能性作为可能的方法来消除风险矩阵。

为了在事件中摆脱发生率的偏移影响，以及为了开发一种新的风险排序方法，我们回顾了文献中有关于基于非可能性风险的方法。基于非可能性模型的方法，在组织内传播和实际使用是少之又少。故障树常用在"硬"的工程任务中，在这些任务中数据失效是司空见惯的。然而，能够将人的因素纳入的非线性方法的例子非常少。似乎有能力超越线性模型并纳入人类因素问题的一个这样的例子就是保护层分析。

保护层分析是由化工过程安全中心在 2001 年开发的。保护层分析是用来评价情景风险的一种半定量的风险评估方法，不管现有的安全保障是否足够，或者附加安全或者壁垒的增加是否有必要。这样一来，保护层分析就构建了开发一个不完全基于发生率的风险评价结构所需的理论背景。

保护层分析是评价定性安全测量工具（例如，过程危害分析中识别风险）的一种方法，它可以识别出失败可能的来源，然后通过保护层分析策略试图查明存在的壁垒。

作为 eBASIS 内一种方法的使用，保护层分析必须进行更改，以更加关注安全壁垒数目之间的联系、事件发生之后剩余的数量以及事件的严重性。关于 eBASIS 的事件报告，我们可以把启动事件看作是数据库中所使用的主题词。目前，还没有要求正式识别出在一份报告中确定主题词是哪种类型的事件，但主题词分析和识别可能的事件结果需要我们进行保护层分析。

在 eBASIS 上推出该方法之前，我们会研究许多核心事件，并努力提供主题词的分组，这些主题词导致了特定即时发生的事件（例如，近地警告系统警告、构型配置错误等），以及识别出可能的事件结果（例如，可控飞行撞地、冲出跑道等）。我们将为这些事件和从任何主题词事件的所有阶段识别出的安全壁垒构建路径或网络，这些事件会产生任何潜在的与该主题词相关联的结果。

在图 7.2 中，我们删除了保护层分析的缓解阶段，目的是专注于事件发生前的阶段，这在 eBASIS 调查中是非常重要的。如图 7.2 所示，从单一的主题词到与该事件相关的每个潜在的结果，安全壁垒可能具有不同的数目。因此，这样的一个事件主题词发生（即，报告）的相关风险，是与它和潜在结果之间的安全壁垒的数量相关的，而且，事件发生之前已经遭到破坏的安全壁垒数量也被转移了。

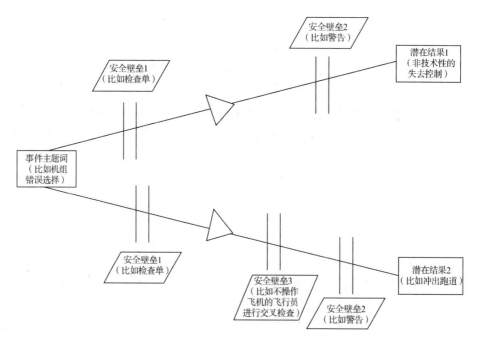

图 7.2　一事件主题词如何联系（通过安全壁垒）几个可能结果的说明

化工过程安全在其早期的形成阶段，保护层分析利用了"独立保护层"，其失效被定义为在场景中独立于任何其他的失效情况。由于我们没有将这种方法设计为涵盖已经在过程危险源分析进行了分析的领域，所以，这些独立保护层排除了人的因素的问题。然而，"没有绝对的理由认为，保护层分析要考虑这些问题"（贝巴特，2002）。独立保护层由需求失效概率来界定，这对于机械壁垒来说要比人的因素更为简单。因此，这是一个在将其应用于例如像英国航空公司运行的这样一个系统之前，需要进一步审视和更详细的数据来验证的领域。

最初按照需求失效概率的标准，我们给每个壁垒（独立保护层）设定一个数值，但可以对其进行修改以反映安全功能的效力〔例如，报警（超控但报警）：不负责操作飞行的飞行员进行交叉检查〕。我们设想，我们需要对从主题词事件到潜在结果的"路径"进行量化，以和数据及专家知识进行比对。安全壁垒还可以分配给安全值，根据主题词和潜在结果的配对，我们也可以给安全壁垒设置安全值。虽然人的因素值不包含在原始的保护层分析中，但对于当前的项目，我们建议以非常不同的方式修改和利用该工具。尽管有这些修改，但该方法仍然是建立在坚实的理论基础之上的。将更多的人的因素类型从"硬的"安全壁垒分开，限制后者对模型结果的有效性，我们认为这是非常好的做法（沃勒，2005）。

当我们试图将保护层分析应用于一个事件或事故征候的时候，我们发现，保护层分析本身限制太多。在一个商业组织就像英国航空公司这种每年的事件数非常多的企业（例如，所有的航空企业），为每个事件建立保护层分析所需的时间也会让人望而却步。此外，在机械壁垒（即，那些有可能应用于后续破坏性检验的壁垒）是主要关注事项，但缺乏识别复杂系统内较不易量化的人的因素所需的流动性的地方，这一理论会很好地发挥作用。虽然这些失效概率在调查中的确有重要的地位，但我们相信，它更适合于开发一种基于历史数据作为当前和未来风险的指标的方法，而不是试图开发保护层分析风格的 p 值。

顾名思义，壁垒理论是一组理论和根基，在此基础上可形成想法，从而成为纳入风险评级方法的理想选择。壁垒或去除一个可能结果的不同标准，不需要确切的"可能性"或"距离"，但确实需要创建一个相对安全的系统。每个事件都被认为是相对的，不仅是对所有其他事件（例如，标准风险矩阵类型系统）而言，而且也是对最终或可能的结果而言。相关于负面不利事件，这给出了更真实的系统安全审计。

正如我们在本书中所看见的，在理论层面，壁垒理论有许多用途，并且可以用来描述安全模型。系统安全做法如美国安全性军用标准 MIL - STD - 882E（美国国防部，2005）适用于事故缓解措施的实施，这种措施实施涵盖了种类繁多的重重壁垒类型，包括在设计策略、物理屏障和额外培训等方面。在军事部门以外，壁垒也根据民航当局的法律依据（例如，参见美国联邦航空局，2000）紧密地与安全做法连接到了一起。在学术层面，安全专家如艾尔等（2007）已使用故障树内的壁垒来说明防止事故发生"路径"的能力。勒克斯胡杰（2002）将壁垒理论运用到了复杂系统的贝叶斯网络，认为"根据贝叶斯信念网络的算法……如果防御系统的状态是已知的，并且工作正常，那么，差错序列与事故的关系就可以被屏蔽掉"。各种壁垒和模型与技术之间的联系为安全使用壁垒设置了优先权，但对作者而言，壁垒在信息元素的层面从未积极挂钩于风险评级的事件或一个系统。支撑引入壁垒的模型根本没有信息网络作为它的核心。当艾尔等（2005 和 2007）为了使用壁垒理论并了解航空事故，试图利用壁垒理论对航空系统建模时，他们使用了事件序列图作为其初始基础，并且引入贝叶斯理论到这一模型中。英航 1999 年在奥利里的领导下使用了事件序列图，所以，有一些证据表明，这会发挥一些作用。本研究更感兴趣的是，要分析比事件序列图更深的层次。

安全壁垒和潜在结果风险集中化，为我们消除了分析中的偏差和偏移情况。通过构建一个安全壁垒路径的过程，在潜在的结果风险减去任何为保护场景而保持不变的安全壁垒的情况下，我们获得了一个风险值。然后，此风险值可以在全组织内分解放入 eBASIS 的风险评级系统中。

如图 7.3 所示，英航已经引入了一个概念（尽管在矩阵格式），即，集中化一个事件的潜在结果和壁垒或防御层的使用，并且表明，本书的建议是与英国航空公司的做法一致的。我们的文献评论和批评方法论已经证实，这对于建立一个风险评级方法来说提供了一个科学的、坚实的基础。

表 7.6 总结了复杂系统行业到目前为止所使用的主要方法。与其他行业相比，一个公司（例如，英航）面临的最大的问题是，比以往任何时候都很少将人的因素和一些硬性因素（例如，工程问题）分开。在一些行业中，很容易使用硬性的壁垒，以防止负面不利的事件发生，以及限制人类在某种程

潜在结果	运行风险矩阵				
严重事故，大量人员死亡	D	C	B	A	A
有限的事故情景，一些人员伤亡	D	C	B	A	A
轻微的事故，一些受伤和损坏	E	D	C	B	B
安全裕度的减少，几乎没有直接的后果	E	E	E	D	D
防御层	正常的人为干预导致事件没有发生	可靠的硬性防御层导致事件没有发生	非正常的人为干预导致事件没有发生	运气导致事件没有发生	所有防御层被突破，从而发生了事故

潜在结果	职业受伤（工伤）风险矩阵				
死亡	D	C	B	A	A
严重受伤导致永久残疾	D	C	B	A	A
受伤，但通常会恢复	E	D	C	B	B
轻微受伤	E	E	E	D	D
防御层	正常的人为干预导致事件没有发生	可靠的硬性防御层导致事件没有发生	非正常的人为干预导致事件没有发生	运气导致事件没有发生	所有防御层被突破，从而发生了事故

图7.3 基于英航方法的风险矩阵

度上的输入。一些行业尽管仍然较为复杂，但其可能结果的种类也更加有限。由于这些原因，我们讨论的及现在使用的单一方法还是不足的，所以，本章的其余部分将着眼于发展一种新的模型，作为风险评级和安全管理体系的基础，即，一种基于信息的网络。

表 7.6　跨复杂行业当前使用的方法情况

领域	基础方法论	优势	弱点
航空业	风险矩阵（包括拓展/完整的矩阵）	· 实施简单 · 只需要严重性和可能性 · 能够跨部门拓展	· 不能在跨部门之间实现一致性 · 通过使用"风险=可能性×严重性"而受到限制 · 进一步改进没有真正的空间
其他运输行业	定量分析评价类型（比如伦敦地铁、英国铁路安全标准委员会等）	· 基于故障树方法 · 很具有深度的研究	· 方法的内在不灵活性 · 太细节化 · 非常耗时
核工业/化工业	过程危险源分析	· 包括（有限的）人的因素 · 全面分析场景	· 纯粹定性化 · 主观性的方法论 · 非常耗时
化学行业	基于壁垒安全层分析的方法论	· 半定量化的方法 · 集中化安全壁垒 · 能够纳入人的因素 · 删除频率偏移	· 保护层被认为是独立的 · 定性化所需的需求失效概率

本书第三、四和五章说明了信息网络具有的各种可能用途，那么，网络模型将如何符合英国航空公司的要求？

风险=严重性×可能性是真的吗？

发生频率是否就一定会决定风险？

本书中的事故和事故征候的网络模型，可以使我们更清楚地理解决策制定和不同主体间（人与非人之间）互动发生的信息空间。该方法允许明确识别出因果因素，这也是事件的核心，以及集中化系统空间的全部内容，以提供全方位的调查。信息网络使我们能够构建映像，可以用来进一步理解和识别复杂的系统不同方面之间的关系。网络在某一特定事件或一般的情况下，可以通过目前系统内存在的信息构建。

网络可以使我们绘制事件、壁垒与事件结果之间的链接，并允许我们研究潜在的结果，以及全面调查所有有价值和所需要的方面。英国航空公司安全管理团队中的一名前雇员安德鲁·罗斯（2008：1381）也指出："当我们使用'与安全相关的数据源'进行风险决策时，通常以个人和孤立的方式做出，并没有明确地了解它们的相对重要性。"引入一种将网络方法与安全紧密联系在一起的综合性方法，尝试将其与安全管理体系黏合在一起，在这个过程中有一个关键点。由于壁垒把所有不仅与结果相连而且还与原因和影响相连的事件集合在了一起，因此，它们不是简单地把同样的老情况进行再分类，而是通过更彻底、更聚焦的分析积极寻求改进数据源。

新模型成功的关键是解决在本章前面强调的当前方法中所存在的 8 个限制性问题。eBASIS 当前应用过程中的关键问题之一是，使用发生率作为评级因素并不能代表潜在的风险，而且可能会扭曲整体的风险评级。如果风险只是事件潜在的结果，那么我们应探讨替代的风险矩阵和度量。瑞森（1997）和其他人臆想了系统防线中的壁垒，以避免事故和不良事件的发生。一种选择是从风险评级矩阵中删除发生率，并替换这些壁垒有关成功（或失败）的因素，以及这些因素对于事件的接近度。不过，不止于此，理解系统中发生的事件的重要性，任何方法必须反映出这一点。拉斯马森认为，把这些行动和决定从它们发生的场景中隔离出来，并尝试模拟这种分解，是学习系统的一种无效方式（拉斯马森，1997）。

麦克雷、皮金和奥利里（2002：104）在他们的论文中表示："不安全事件的风险不应该直接绑在严重性上"。然而，罗斯（2008：1384）反对这种论点，表示"个体事件可以根据个体风险的分布进行评分"。这种轻微偏离标准的做法允许我们放弃风险矩阵，并且专注于特殊事件的风险性和严重性上，然而，收集数据的任何安全管理体系项目本质上仍然是基于趋势分析等所需的数据报告发生率，这是基于统计，用于所需的趋势分析等。

为了与本书以及罗斯和英航员工所具有的问题保持一致，麦克雷、皮金和奥利里（2002：101）指出："我们关心的是飞行安全的问题，也就是说，大部分的组织事故都发生在很好的防御系统中。根据定义，管理这些风险的最有关的事件，总是将朝着高严重性、低可能性的方向发展。然而，这种小可能性事件的定量分析往往是很难的。"作者通常认为，其用处非常有限。"因此，极端事件分析可能需要对当前的风险评估方法进行扩展。"这允许为创新应用和原创性思维，放弃上述可能性和制定安全方法，集中在严重性和壁垒方面，这可能会更有用且适用于复杂的系统。因而麦克雷、皮金和奥利里（2002：102）继续认为："再者，目前仍然存在相当大的建模挑战，应对捕获嵌入在组织方面的行动。这些包括……各种手段，通过这些手段潜在的组织和管理因素在运行的一线人员身上塑造结果（例如，瑞森，1997）。"最后这一点可以通过将网络应用到事件中得以解决，正如本书第三章以及格里芬、杨和斯坦顿于2010年所述的。信息网络已经显示出一定程度的建模能力以及适合性，这是其他方法不能复制的。

这种新方法下一个将寻求解决的问题是，在一个组织层面上当前模型对经常发生但不是很重要的事件的过分强调（例如，行李落下并造成了工作人员受伤。通过量化安全壁垒，我们可以确定是否需要额外的安全壁垒），并且，更重要的是，这些是否会为英航带来真正的安全改进提升。这些网络允许在识别可能受壁垒周围任何变化的潜在影响（以一种积极或消极不利的方式）的任何其他领域，进行壁垒操控。在全行业范围内，以这种方式评估安全标准所接受的方法是通过"切实合理低"的原则进行的。

我们预计，这一新的以壁垒为中心的安全模型将允许更明确地表示，其中哪些风险需要进行集中关注，以使宝贵资源的决策过程对英国航空公司的安全服务更简单化。与其可能结果相关联的所有事件主题词，都将导致某些特定的风险因素，取决于对于现有壁垒的渗透。虽然这些风险因素将在跨组织和报告结构中保持一致，但是，应用"切实合理低"的原则将为不值得和其他事件一样受关注的特定事件建立一定的阈值水平，即使其具有相对较高的风险系数排名。

"事故死亡当量"是一个用于整个铁路行业的概念，人们借以认为，严重受伤是0.1的死亡率，而轻伤是0.01的死亡率（伦敦地铁公司，2001）。这可以在所有的事件，包括那些非致命性结果的事件中，根据死亡率对风险进行简单的比较。因此，事故死亡当量对于与切实合理低的原则相联系的决策进程来说是一个合适的基础，而且在英国航空公司运行的背景下需要对数据进行检验以考察适合性。

"今天，风险预测经常停留在关注安全信息趋势的层面上，并认为这些趋势将继续下去。然而，这没有识别影响安全绩效的那些变量，而且，也没有对系统变化产生的影响形成有效预测（罗斯，2008：1382）。"我们希望这些网络模型能反映这些变更，因为由于网络化的链接，标准操作程序、公司活动、飞机机队、机场使用等的变化可能会影响安全，而且网络可以突出显示可能会受到影响的壁垒。麦克雷、皮金和奥利里（2002）表示："事故理论清楚地表明，事故征候报告的真正价值大多来自解释和理解潜在的不安全事件的组织过程。"因此，随着囊括了防御层的信息网络被抛弃，以及防御层（或壁垒）被攻破，它已不是正在被调查的单纯的历史数量。

麦克雷、皮金和奥利里（2002：105）改进 winBASIS 的另一个问题是，"风险评估是如何积极支持用于处理结构不良、动态和含糊不清的安全信息过程的灵活性的？"他们还研究了"在管理结构不良、复杂问题的过程中，风险评估创新过程是如何经常能够提供尽可能多的益处作为最终的输出的？"如何将这种有益的过程纳入事件报告管理系统的问题仍然很大程度上没有得到解决（2002：105）。我们认为，网络过程通过必须解决系统中的每个壁垒的风险评级者解决了这些问题，因此，要求风险评级者在实施风险评估的过程中充分了解和认识到状况的复杂问题。

更进一步来说，虽然当前的 eBASIS 方法的一个很大的局限性是，"在实践中，由于很多事件都是独一无二的，无论是在它们的因果因素、失效模式，还是事件的组合方式，往往很难区别①（麦克雷、皮金和奥利里，2002：101）。"然而在网络壁垒理论中，壁垒是常见的联系因素，因为它们是系统有目的地存在那里的一部分。因此，还有更多的机会比事件分类标示更能突出显示和分析有关壁垒的趋势。

所以，在回答问题"可能性是否一定会支配风险？"时，更有利的是讨论严重程度评分而不是风险评级的想法，如果这消除了依靠带有偏差的发生率的需要。毫无疑问，英国皇家学会坚持如下的理念：风险基于发生事件可能性的测量，以及这些事件后果的严重程度的测量。然而，我们认为，由于航空业的复杂的行业性质和低发生率事件的显著性，严重程度实际上是区分调查及研究事件优先次序的关键。英国航空公司安全团队所做的最后一点有意思的事情是，"风险"是该组织的基本安全指标，也就是说，英国航空公司不依靠个别事件一语成谶来说该组织是否安全，而是针对风险本身，所以需要有一个整合现在绝不在那里的潜在风险的途径。这也就是我们下面将要概述的内容，即，内置于风险评级和安全管理的网络方法。

---

① 系统可能会失效或以较弱的新方式。

"灾难距离"模型

基于网络的安全信息建模方法：方法概述

这节提出了新模型目的的简要概述，在下一节中我们将按步骤来研究该新方法。在其原始形式，新方法的风险评分过程需要评分人员制订类似于图7.3 的图，以确定事件发生的事故通路。这些关系图将随着时间的推移而建立，所以，没有必要从头开始创建它们，可以从现有的英国航空公司标准事故征候图中进行修改。

如果在给定场景中发生了最坏的可能结果（最极端的事件），那么事件就被列为 A 级事件。假设识别出一个壁垒会阻止潜在结果的发生，那么事件就被评为 B。如果存在两个壁垒，那么就是 C，3 个壁垒就为 D，4 个或更多的壁垒意味着一个事件会被评级为 E。我们可以在图 7.4 的注释中看出，存在有些事件发生时，这些事件可能会导致更严重的潜在后果以及在这些情况下它们没有被识别出来，该事件也可以归类为 A 类（图 7.4 注解 1）。在这一点上，新模型还有可能识别出壁垒的"强度"，并将其纳入事件的评级之中。如果壁垒被确定为"强度弱"的壁垒，那么，风险或严重性得分就增加；如果它被确定为一个强度特别"强"并需验证的壁垒，那么，得分就可以减少。一旦模型被使用过一段时间后，它就会被植入大量的数据，以此为基础建立壁垒的强度或其他方面，壁垒"强度"这个想法就会自然而然地形成了。

这种评级技术的有用性在于，如果把它和任何其他影响力量进行分离，那么，每个事件评分是根据它距离灾难的距离进行的。这反过来反映出了在识别是什么阻止了事件发生成实际灾难的过程中的积极的方面，并强化了壁垒作为系统内评级安全最佳方法的重要性。这种特定方法也"陪伴"风险评分人员通过整个内生的过程，因此，它不需要复杂的指令或完全主观性的说法判断，而到目前为止指令或主观性判断在很多风险评级项目中是很常见的做法。此方法带给风险评级人员的客观性和结构是强大方法的一项基础功能，而且当审查当前或未来的做法时，我们应争取实施这种客观性和结构。

新的风险评级系统背后的模型如图 7.5 中最简单的形式所示。它本质上分成三个部分，每个部分可以表示为一个网络，其中在最终版本中当然加入

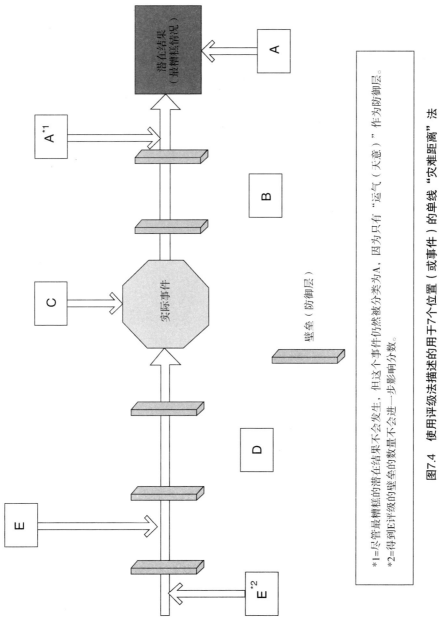

图7.4　使用评级法描述的用于7个位置（或事件）的单线"灾难距离"法

*1＝尽管最糟糕的潜在结果不会发生，但这个事件仍然被分类为A，因为只有"运气（天意）"作为防御层。

*2＝得到E评级的壁垒的数量不会进一步影响分数。

壁垒（防御层）

潜在结果（最糟糕情况）

实际事件

了航空公司事件系统性的全貌。

中间部分是第一个被识别出的，此信息从机组的事件报告中获得，任何数据由航空公司进行记录。这给出了实际已发生的事件的信息，例如，受影响的人、偏离正常的情况，或受伤/损伤程度等。

然后，调查人员通过研究先兆情况来填充图中的第一部分，最重要的是识别未能阻止事件发生的壁垒。

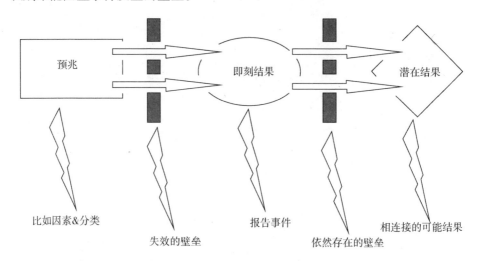

图7.5 "灾难距离"简化模型

最后，该模型旨在鼓励从报告事件中调查可能的结果。这将需要识别或是机组或是非人类的行为者部分积极行动，以及任何仍然完好的防御或壁垒，并且负责防止进一步可能发生的更坏的结果，即，上面图片上的斜杠。

"灾难距离" 法

为了产生一种可行的评级方法，我们认为，风险评级实践本身有其内在的"流程图"式的程序。据此，这意味着，这项工作的目的，不仅是要引入新的风险评级测量，而且也要提出所需的测量代表来执行行动。开发一种新方法必须在其核心具有可用性，所以，上面的模型是此新的风险评级系统的基础，与该方法为了提高可用性以及减少在一开始时的复杂性不同的是保留了随着时间的推移改善和发展的能力。换句话说，这项研究的核心是新模型是该方法的基础。然而，对公司而言，为了向前迈进可管理的一步，我们需要形成一个对当前使用的方法相似有用的方法作为一个中间步骤。本章这一节概述了本章的发展，阐述了方法及其可用性的发展情况。

我们讨论了所涉及的问题和项目的要求，随着时间的推移，英国航空公司安全管理经理和一位飞行员专家、一位调查人员及一位业务专家一起分析了大量的"标准事故征候"。在这个阶段，没有使用实际的 eBASIS 文件，因此不限制模型的范围（很重要的是，方法不受目前英国航空安全信息系统缺点的限制，或要求过于类似）。这也就意味着，eBASIS 文件将更好地服务于本章后面的验证阶段，任何此类验证的结果将更具说服力。

涵盖了英国航空公司认为的重要的飞机事故的"标准事故征候"，具有危及运行的真正能力。这些包括跑道侵入（最明显的是在特内里费岛拉斯帕尔马灾难性飞机相撞事故）、空中碰撞、可控飞行撞地和在驾驶舱内火/烟等事件。英国航空公司内的安全和专业技术人士突出表明了这些问题。一旦识别出这些事故征候，也就确定了一些因果发生的类型。这些将包括促成因素，例如，跑道侵入、迷失方向、不正确的无线电指令、不正确的跑道使用等。这些事件在公司内部成为安全计划的基础和推动培训模块、反馈/通讯文章和调查的"热点"，并形成一个与安全有关的目标。这是在一个伪理想的水平上，意味着没有单一的正式方法来解决这样的问题，因此，安全管理团队渴望这项工作。

对于主要"标准事故征候"不得不进行解构，以创建网络图作为描述系统的基础。较早时组建的团队依次研究了每个事件，识别出了尤其是对飞行机组人员的影响。在这一阶段，进入英国航空安全信息系统的所有报告都是飞行机组人员的报告。这就需要把试图进行分析的方法和数据绑在一起。这些影响，就像任何有风险的工作，可以是组织的、环境的、个人的，尤其是信息的。表 7.7 包含了我们认为的为每个"标准事故征候"创建网络式图表的人的因素。

网络最初是通过表 7.7 每一行及插入一个与"标准事故征候"有关的节点来创建的。这个工作的基础是团队的专门知识。将来，节点、因素、壁垒等分配可能是其他专家的交叉核对的重点，但更重要的是，通过从上面概述的每个事件的信息聚合，节点将永远自我固定不动。

如果我们把表 7.9 中所提到的事件作为一个例子，那么，我们可以看到与表 7.7 的关系。表 7.8 强调了几个例子，从中我们可以识别出节点（或壁垒/因素等）。这些并非是详尽无遗或一定高度精确的群体，从中可以确定航空的全系统网络，但它们直接指导群体讨论和今后进一步发展的早期网络的形成。

正如已经提到的，在这一阶段没有使用航空安全报告数据，但将来预计模型可以聚集任何新的因素、壁垒和机组/调查人员报告的信息元素，所以它是一个持续建设和适应的数据库。这可以聚集每个元素的可能性数据，把此方法结合到本书前面的章节（第五章和第六章）所阐述的工作中去。

表7.7 团队为"标准事故征候"建立网络使用的表

机组行动	影响	
团队技能	环境	个人
自信	机场设施	自我－自满
简令	空管沟通	无聊
机组沟通	空管服务	认可
机组自我反馈	环境因素	分心
交叉检查	人体工程学	环境意识度
群体氛围	天气状况	环境压力
准备/计划	运行问题	知识
决策过程	其他飞机	医疗－机组
角色一致性	旅客	模式意识度
警觉	技术故障	士气
工作量管理		运行压力
		个人压力
差错		以往事故征候的压力
行动失误		系统意识度
记忆失误		筋疲力尽
错误意识		
错误	**组织的**	**信息的**
误解	商业压力	电子检查单
	公司沟通	手册
飞机操作	工程质量	导航图
操作	地面操作	通告
操作——自动	地面服务	快速检查单
操作——手动	群体违规	标准作业程序
系统操作	维修	
	培训	
	技术支持	

表7.8　表7.7和表7.9相关的项目

节点插入	来自表7.7的项目	影响类型
灯光信号可用/使用中	机场设施	环境的
使用一种语言	空管沟通	环境的
LAHS/SIRO运行中	群体违规	组织的
进入跑道的灯光	检查单/交叉检查	信息的/团队技能
低速中断起飞	操作/简令	操作/团队技能
不正确复诵越障高度	误解/错误	差错

从这里，有必要对所有的结果（例如，跑道侵入）、壁垒（例如，没有使用地面雷达）和各种因素（例如，能见度低等）适用严重度评分。上述团队收集了很多种情况来讨论严重程度量表。最初，英国航空公司使用100点的风险评级制度，但认为有必要提高至1000点，这是为了获得一些颗粒度，尤其是对处于低端和中端的风险（这在下文进一步讨论）。这个1000点的测量设置了分配严重度的起点，而且，团队基于其庞大的航空安全知识，特别是对于英国航空公司事故征候事件的了解，为每个"标准事故征候"分配了严重性范围。然而，我们对每个事件单独进行研究，而且，把那些一定要被报告的事件（例如，跑道侵入）从节点中移除，对联系在一起的每个后续节点赋予一个数值，一旦完成了每个排列，就可以产生一个可接受的整体严重度的评分。这是一个迭代的过程，其在很大程度上也是主观性的。由于团队成员的构成情况及从未来事件、系统发展和评级分数不断影响网络中所获得潜在反馈的能力，这被认为在现阶段是可以接受的。

这些讨论的结果是许多网络图，其中的每个节点已应用于它的严重度评分，因此，这些可能代表一个事件或是一次事情。此外，所有其他节点可能代表一个积极的或者一个消极的因素或壁垒，并且有一个相应的分数。这在概念上有重要的影响，任何节点都可以拥有适用于它的严重度评分。这在本章的结论部分，我们进行进一步的讨论。那么，该方法的要点是，调查人员将开始在一个节点给予一个设定的严重性评级，然后关注联系在一起的所有节点；那些被认为在飞行员报告中是积极的节点，然后会影响每个节点值的严重度评分。

回到为英国航空公司开发一种新方法的过程的三阶段性质来看，这个中间阶段必须改进使用中的矩阵。至关重要的是，我们需要保留其某些与使用它的人员相关的功能（我们将来可以使用航空安全报告来为一个更加复杂的方法收集更多正确的信息，但在这一阶段是不可行的；然而，模型和方法在未来的确对于所有这些选项具有发展潜力）。为此，我们从本书的前几章信息网络修改到简化版本，类似图7.6，反过来将其简化为流程图的样式，如图7.7和表7.9所示。英国航空公司偏向于使用这个方法的第一次迭代，来利用流程图指导调查人员的工作，这就形成了工作表（表7.9）。这里的基本原则是基于对每个信息网络创建的节点，但分配一个因素或壁垒的每个节点现在被一系列的表格或工作表所取代。这在简化了这个方法的外表内容的同时，保留了模型的关键内容。

通过总结这个依然还在研发的方法的结果，显示了"灾难距离"方法当前迭代所需的步骤：

阶段1

绘制"事件"的网络，来识别这一事件的壁垒和因素。这基于对每个模型的调查，包括潜在的结果和与其他事件的链接。最初，这将采取网络图的形式，类似于前面的章节和简化成更多的像图7.6所示。所有网络壁垒及影响该网络的因素，都被识别出来，并且生成综合网络。

阶段2

然后，这些网络将被打破并修改，以产生类似于图7.6这样的流程图式网络，类似于在图7.7和表7.9发展阶段的步骤方法。因此，我们可以识别出壁垒，潜在的结果或原因也被清楚地显示出来了。业务专家为每个网络中壁垒和因素检查分配的值，存储网络图以备将来使用和发布简单地使用风险评级表，如表7.9所示（这两个步骤是由业务专家在任何事件发生的时间进行的，不适合已公布的网络或者工作表之一）。

阶段3

现在，许多安全数据人员不再需要专门的训练，就可以使用工作表给一个不需要使用模型就可以直接报告的事件评分。分数开始于原始事件评分，表7.9在示例中它是250点。接下来，我们检查每个"被突破的壁垒"框，如果适用这一事件，风险点分数要么加要么减去（数字前面加一个减号）（表

7.9 在示例中没有给出负值）。接下来，风险评分人员也检查相关于事件的任何因素框，再一次更改导致一个事件总得分。一些因素让风险评分人员参考引用另一个工作表，说明开发工作表之间的联系，从而运用于英国航空公司的事故征候调查。

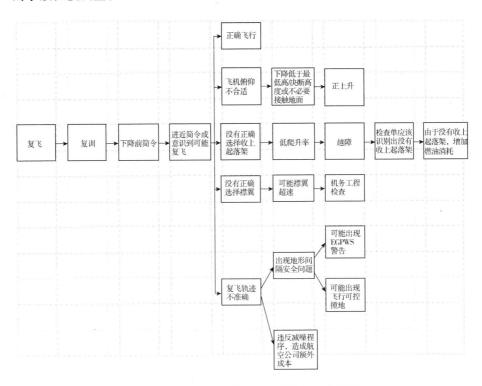

图 7.6　复飞标准事故征候的简化版网络样例

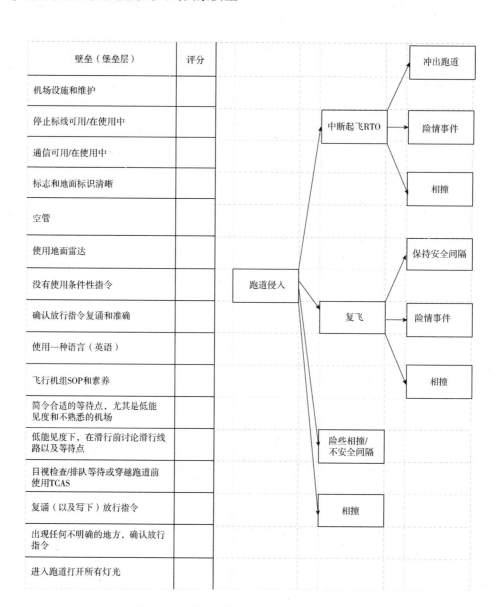

图7.7   跑道侵入事故征候的简化版网络样例

表7.9　报告为跑道侵入事故征候的工作表的样例

事故征候总计		突破的壁垒总计		因素总计	
事故征候	评分	壁垒	评分	因素	评分
跑道侵入	250	**机场设施和维护**		**飞行阶段**	
		滑行道绿灯不可用/使用	10	决断高之上获得着陆许可	50
		停止带不可用/使用	20	低于决断高	150
		灯光信号不可用/使用	10	**机场环境**	
		标志和地面标记不清楚	25	着陆和运行中 LAHS/SIRO	200
		空管		**天气**	
		没有地面雷达	5	低能见度	100
		使用有条件的放行	20	**机组行动**	
		使用超过一种语言	25	执行中断起飞	见 RTO
		飞机机组标准操作程序和飞行员素养		执行复飞	见复飞
		飞向不熟悉机场或低能见度下	5	不能采取规避行动，没有相撞	200
		没有简令或讨论滑行路线	15	不能采取规避行动，几乎相撞	750
		没有目视检查/排队或是穿过跑道之前没有使用空中防撞系统	15	不能采取规避行动，相撞	1,000
		没有证实放行指令	5		

总体风险评分

阶段4

最后，根据英国航空公司运行安全评分分类（表7.10，在第4.3节进一步讨论）对事件进行分类，为该级别的事件公司或者部门酌情采取行动。

表7.10　英航新的运行安全计分系统

等级	风险/严重度计分
A	800—1000
B	600—800
C	400—600
D	150—400
E	0—150

验证和实施

根据事件严重性评分这种方法，我们对英国航空公司 637 份安全报告在作者和一位专家飞行员之间进行了评分，表 7.12 记载了数据。再次重申，为了清楚起见，在网络及流程图样式工作单建设过程中没有航空安全报告得以参考，因此，在验证严重性评分的发展阶段，我们提出了一个尽可能好的检验。验证的航空安全报告均选自 2009 年 11 月份，我们通过日期顺序，对每种类型至少 50 份进行了检验。对于某些特定事故征候的类型，由于其数量稀少，这种做法是不可能的。表 7.12 为每个"标准事故征候"类型进行了详细说明，有工作表类似于表 7.9 所示。

我们使用 eBASIS 上的航空安全报告数据库来说明从飞行员报告那里获得的信息是如何传播的，并验证我们的方法（更一般地，由安全团队评分事件）。现在，我们将要对这些进行简要描述，以便于说明所用的验证方法。航空安全报告的初始部分主要是调查人员需要知道的与航班详细信息有关的行政信息，包括日期、地点、飞机类型和法律是否要求一份正式报告等。在本节的末尾是事件摘要，提供了情况的概述。该报告的后半部分也显示了在新方法之前由 eBASIS 特定的事件评分，并且对哪种类型的事件（例如，起飞性能问题）进行了分类。我们捕获详细信息，谁提出了这个事件（例如，是空管报告还是飞行机组人员报告）和进一步的航班详细信息。验证将在一个由"摘要"框反映的节点开始，然后，可以使用"事件和原因""行动和结果"识别出任何壁垒或因素，和工作表上可以标记"其他信息"框。然后，开始评级会受事件中标记为"积极"的及记录的严重性评级的任何因素和壁垒的影响。表 7.12 记录了这些分数。

对于事件的一个特定类型来说，什么是合适的严重程度分数，以及对于一个事件显示的能力来说，什么是合适的严重程度分数，对此，我们研究了数据。表中突出显示的单元显示了对该类型的标准事件严重性分数的主要分布。我们将这些分数（表 7.12 右边五列）和以前 eBASIS 风险评级（表 7.12 中第 3 栏）提出的数值作了比较，结果可以看到，具有可比性。更重要的是，我们给了另外 3 位业务专家新方法的结果和对航空安全报告的一个选择，无一例外的是，结果具有积极的一致性。在未来，我们可以进行更全面的跨评分检验，而且，深入的验证工作还会继续。

因为公司内部与历史（表达历史数据的一个方法，除非我们认为它是不能接受的）相关的安全和风险报告的需要，这种针对英国航空公司数据的验证是重要的。该方法和以前的方法比较具有严重程度评分相对相似的领域，这一事实缓解了重新分析历史数据和允许继续比较的需要。

最后需要验证的问题是，是否要使用按字母顺序排列的评分系统来分组类似严重性和风险的事件。重要的是，我们不仅要根据分组得分得到严重性的最好反映，而且还要在公司最需要的领域得到风险点最好的分布。英国航空公司使用分数由 A 到 E 已经一段时间了，而且，这一方法似乎很好地服务于公司区分这些如要求公司或监管机构进行调查的事故征候和事故。这种反映事件严重性的方式，使公司可以报告和专注于这些造成最严重问题的事件上。然而，作为一个节点，这不会威胁到得分为 C、D 和 E 的事件的重要性，因为这些经常发生在较高的数字区，而且如这个方法所展示的，仍然会引出关于系统安全以及哪里需要额外壁垒或调查的重要事实。

围绕保留 A 到 E 系统的使用有两个论点。

第一，既然那些在分数上处于较高一端的事件，标记为高严重程度，其按照不同程度的损坏或损伤和死亡（所有这些组件在小或大的数额中会导致事件得分较高）来说具有范围更广的结果，那么，严重性点最广的范围应该是被描述为 A 或 B 的事件。

第二，在事件数量的基础上，将严重性点的范围和 A 到 E 体系联系了起来，即，因为相比 A、B 和 C 事件来说，有更多的 D 和 E 事件，每一个这些评分里的严重性点范围应当反映这一点。

由于此方法的目的是改进事件调查和评分，而且，文献中没有替代先例，所以我们建议评分如表 7.11 所示。这允许在较低范围的事件具有更大的颗粒度，这些都是最易发生的，这是该项目的另一个目的。既然 A 到 E 评级的问题就是纯粹的内部讨论安全的方法，因此，在上文所述的方法没有至关重要的问题。我们可以对在一开始就所需的主观结论进行修正，因为，根据公司内不同的安全级别和方法，数据可以收集，并且不同层级可以进行操控。

表 7.11　事故征候从 A 到 E 的分类分数

事故征候分类	老体系	值的范围	新方法	值的范围
A	100	n/a	801 – 1,000	200
B	71 – 6	15	601 – 800	200
C	35 – 55	20	401 – 600	200
D	15 – 25	10	151 – 400	250
E	1 – 15	15	0 – 150	150

注：老体系不是基于持续测量风险

行业内工作优点和局限性的讨论

　　将学术界的研究成果和行业应用结合在一起是本研究的核心宗旨。能够与行业伙伴合作制定一种新模式，这种新模式不只是集成在一起，而是建立在传统型航空公司新安全管理体系的基础上，这对这项工作大有裨益。然而，围绕着会在方法论上产生局限性的实际行业工作来说，会有很多问题。利用先进网络技术的理想化的"灾难距离"模型，和被英国航空公司实际上完全使用的一个方法的实际应用，二者之间的平衡已经被打破。为此，方法论已采取了比网络系统看上去更有可能的更线性的方法。然而，这为未来进一步的工作打开了大门，如果今后给予了正确的时间、财务和软件的发展的条件的话。我们必须指出，本章并不反映信息网络模型最终完成的应用程序。事实上，英国航空公司的感谢信包括涉及未来继续开展工作，落实并完善中间过渡的方法。这里面和本书前几章的关键是，我们对核心思想和模型在一定程度上进行了检验。这将成为未来发展和未来多年继续工作的基础。

　　英国航空公司要求具体、可行的风险评级和安全管理模型和方法，在本章我们具体阐述了这些内容。任何简单化使用需要产生的限制，已经远远超出了使用真正的行业数据、专家和具体情况的好处。行业工作必须采取一个循序渐进的过程（图 7.8），而且，英国航空公司现在正处于一个比以前更发达的阶段，并走在了一条采取了从被动到主动发展的漫长道路上，现在有真正的潜力采取网络预测的方法。

表 7.12　新方法论验证英航航空安全报告的结果

事故征候	起始值	从 eBASIS 得出最终值	0 – 150	151 – 400	401 – 600	601 – 800	801 – 1,000	测试总计
总计	50	50 – 255	47	3	0	0	0	50
鸟击	50 – 200	50 – 250	42	8	0	0	0	50
医疗紧急事件	75 – 150	125 – 450	8	40	2	0	0	50
复飞	100	100 – 320	27	23	0	0	0	50
雷击	100	175 – 325	0	32	0	0	0	32
推出过程中的侵入	125	175 – 325	0	20	0	0	0	20
滑行道侵入	150	75 – 525	23	23	4	0	0	50
空中防撞系统中的处理建议	150	275 – 415	0	5	1	0	0	6
等待点的侵入	150	100 – 200	20	5	0	0	0	25
低速中断	200	200 – 275	0	30	0	0	0	30
没有设置襟翼或是错误设置	150	100 – 200	0	2	13	0	0	15
起飞襟翼错误设置	200	200 – 275	0	50	0	0	0	50
高度偏差	200	250 – 575	0	6	14	1	0	21
跑道侵入	250	175 – 650	0	48	2	0	0	50
客舱中出现火、烟雾	225 – 300	275 – 475	0	45	5	0	0	50
驾驶舱出现火、烟雾	250 – 350	225 – 575	0	15	5	0	0	20
高速中断	300	250 – 600	2	40	5	0	0	47
飞行员失能	300	100 – 500	0	19	1	1	0	21
使用不正确的性能数据	300	250 – 650						637

关键：第 1 栏：事故征候名称；第 2 栏：新方法中的事故征候起始值；第 3 栏：从该事故征候起始值；第 4—10 栏：在给定的严重度范围内事故征候类型中严重度评分；第 11 栏：从该事故征候类型中事故征候的总数量。

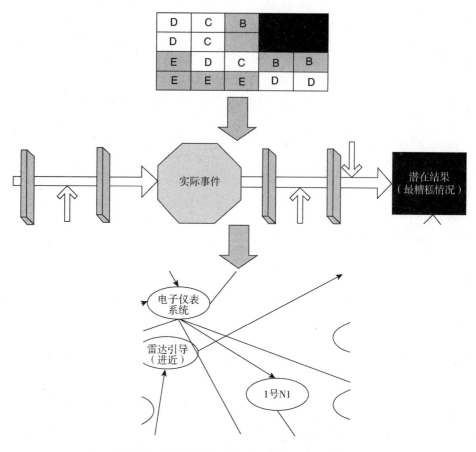

图7.8 英航风险评分模型的过去、现在和将来
注：英航风险评分模型在本章通篇是一个三阶段的过程

麦克雷、皮金和奥利里（2002：101）肯定地说："任何评估过程是可行的，这是相当重要的。不只是一个过程需要解决评估问题，而且它必须满足时间和资源的约束，它必须足够简单得以被执行和理解……"在真实世界中有很多方法都被指为太过笨重和耗费时间，这个"耻辱"不能附加到这项工作之中。然而，在本书中这是一次学术界和行业合作取得的非凡成功，特别是鉴于今后能够继续在坚实的基础上得以广泛的发展。

结论和未来进一步的工作

eBASIS 的未来？

在上一节讨论中，对于把当前的失效树样式的标准事件库发展成为集中各种壁垒作为报告分类标示而不是事件本身的复杂网络，我们还有很大的空间需要提升。最终，我们希望英国航空公司采取一种更复杂的网络方法，作为标准事件的基础模型；我们把图 7.6 和图 7.7 外推到 3D 网络这个与许多其他网络联锁并与它们共享节点的复杂网络。在整个项目过程中，我们一直打算开发新模型和方法，以便它们可以扩展到信息网络的应用程序中。英国航空公司需要时间来实施这种创新的程序，和探索它所能提供的潜力。在这一时期之后，升级到支持安全管理体系以基于网络模型的下一个阶段可以开始了。将历史数据应用于网络的机会，以及各种壁垒的安全管理体系价值，可能会导致安全管理更多的预测水平。在前面讨论的方法如美国安全性军用标准 MIL – STD – 882E（美国国防部，2005）和勒克斯胡杰（2002）已经采用的壁垒强度的概念，可以在将来真正成为自己的迭代方法。反馈，本身是范德沙夫框架的一个优势，而且还是一个安全组织内许多积极的做法，是可以满足此方法的典型模型。随着报告或系统本身的变化，壁垒的强度按照其对安全的影响可能发生波动。例如，如果一个壁垒在大量事件内被报告是发挥作用的并能阻止更糟的结果，还从来没被破坏，那么，这个壁垒的强度可能是高的。相反，如果壁垒很弱，在事件内经常是活动的，则引发更糟的严重性评分，这一壁垒将作为一个潜在的问题被突出显示。这样做的是集中化壁垒和节点，而不是分类技术。在理想的情况下，这个过程可能是完全自动化的，所以被认为将变得更强的壁垒，可能允许其周围的节点在严重性评分中降低。这种自动化也将扩大到节点发生可能性的更新上，这关系到第五章和第六章所述的工作。

在短期内，该方法需要经常检查数据趋势，以确保壁垒和因素被适当地进行了评分。机队、标准操作程序、培训的任何更改也可以在模型中得以反映。我们已间接提到，为了对该方法进行成本效益分析，我们需要对这个模型"尽可能低的原则"的适用性或事故死亡当量进行讨论。英国航空公司必须做出一些迄今尚未透露的决策：比如这对于英国航空公司而言什么是成本？是否是机体损失、乘客受伤或者死亡，还是品牌形象？

结论

本章的工作要点是，生成一个事件审计方法，该方法把各壁垒而并不是事件本身集中起来。一个壁垒可能发生在多个事件或事件类型中，所以此方法将允许牵连和调查壁垒正确的次数。当纯粹专注于事件时，这可能是被忽略的东西；是各种壁垒最终创建（或破坏）了一个安全的系统。

在本章被设计和检验的方法是建立在罗斯（2008）所讨论的个体风险分布基础上的对待事件的基础上。通过在几乎隔离的条件下分析事件和不依赖于"风险 = 可能性 × 严重性"（从而允许发生率偏移造成的风险评分），在引言中讨论过的问题，即，发生率的对数式的增加使得结果偏移的问题得以避免。然而，在同一时间，通过在一个大模型中集中化各种壁垒，新方法是有能力允许更系统化的安全方法的，而不是注重特定的分割化的个别事件（除非有正当理由，如上文所述）。这与安全系统的普遍类型（主要旨在单独重新分类事件）形成了鲜明对比。以这种方式，新方法摆脱了审计式的安全方法，并在个别事件和系统安全之间找到了一种比以前的方法和模型更好的平衡方法。

但是，进一步讲，使用潜在结果和事故路径图使我们可视化到底发生了什么，并因此强调了在未来根据责任保护公司的重要性，这是本章前面协和式飞机事故示例的关键。例如，当事件再次出现但在将来产生不同的结果时，如果这事件仅仅是单独被调查，那么可能的结果未必得到解决。然而，如果可能的结果得以解决，即使不同的最终结果发生了，我们也不得不说，公司已具有一种安全的、积极主动的态度。这种潜在的集中化是积极主动的安全系统管理的关键。不过，比这更进一步的是，该方法通过引入了预测性元素发展了安全管理体系。麦克雷、皮金和奥利里（2002）和艾尔等（2005）都认为，事故分析并不足以了解系统性的问题，并不能做出有效的预测。通过监测和进一步理解英航在网络内的各种壁垒，我们已经看到潜在的薄弱或超负荷运转的各种壁垒如何可以在灾难性事件发生之前被识别出来。使用信息网络比使用事件序列图（例如，参见麦克雷、皮金和奥利里，2002；艾尔等，

2005）似乎更有潜力。因为还有深层次的系统正在利用更多范围的细节被调查，并突出或发现感兴趣的节点。在使用事件序列图为其调查基础，麦克雷、皮金和奥利里（2002）以及艾尔等（2005）为了适合设计必须分配结果和分类事件。正如本节中所强调的，信息节点通过存在于非常不同的结果情况或其他分类中，可以超越更高一级的分析。这回应了在引言中讨论过的困难，即，麦克雷、皮金和奥利里（2002）在克服许多事件和其因果因素的独特性这一非常具有限制性和重要的问题时发现的困难。更有可能的是，通过分析和建模各种壁垒，以及减少系统中的结果，直到其几乎是副产品时，我们可以识别出模式和强调安全问题。

　　我们在模型中已经看到事件本身成为评级中的关键元素。我们的意思是，发生率已经不再是处于一个中央的位置。本质上，发生率在系统中是有值的，特别是在一个壁垒是如何经常被"袭击"并幸存下来的，等等，但严重度评分一直到如今为止不受风险评级方式的值所主导。这还涉及前面已讨论过的分类，即，作为"强有力"或"弱"的壁垒［例如，参见美国安全性军用标准 MIL－STD－882E（美国国防部，2005）和勒克斯胡杰，2002］。如果一个壁垒经受了许多攻击而存活下来，那么，我们可以说它是好的或是"强有力"的壁垒。另外，这种壁垒需要进一步调查和可能需要资金，以保持其强度和防御的能力。事实上，基于"攻击"壁垒的发生率，无论是否是积极或消极的结果，还有成为警报系统的潜力。这可能是在网络图的壁垒简单的颜色编码，以突出显示这些特殊兴趣和潜在风险的领域。这将需要增加积极结果数据记录的数量。然而，如同前文中所阐述的，事件的潜力将替换发生率作为方法的核心层面。通过使用一系列的 5×5 矩阵，与英国航空公司开始这个项目时比较，这种改进在引入系统分析以了解系统的安全性方面是巨大的（这将继续这一进程的第三阶段）。不再使用风险矩阵使得事故调查模型转变成为风险评级技术的核心问题。这与为了统计评价"符合事件框"在更高水平上通过较少的细节使用一个二手模型形成了强烈的对比。此方法在整个安全体系内向英国航空公司的安全体系引入了一个安全范例。

　　方法本身已使用一个坚实的模型作为其核心，而且我们对其进行了充分的简化以使其在一个大型组织，例如，英国航空公司实施具有实际的有用性，而且没有对使用者的培训进行数量限制。我们可以建立起标准事故征候的中央库，迄今在对于面向飞行机组人员的检验中，我们可以使用来自有关部门的专家填充网络式的使用工作表方法的模型。

模型内潜力主动视图的关键是具有各类因素。因素以及工作表中的各种壁垒根据潜力，即，"在岗的不是资深飞行员"，或"发生在恶劣的天气状况下"，会影响严重度的评分，即使这些不是必须被打破的原因或壁垒。

国际民航组织在 2002 年引入航线运行安全审计的文件中，讨论了事件分析是如何不能在最终集结导致发生事件的各种壁垒层面（例如，积极行动）提供足够好的信息的。通过重建事件，而且还可能促进这一事件转化为最终的结果（包括因素），鼓励风险评级人员了解更全面的方案，并超越只关注消极的方面。整个项目中重要的是不要限制思维，不要只考虑当前报告的做法和收到的数据，而是需要通过可靠的模型和方法所需的数据思索推动报告的风格，因此，也就是日后对积极结果报告的需求。这些网络模型（及在第三阶段可以添加到组合中的贝叶斯风格网络）的一个重要的好处是，节点可以具有特定的意义（例如，标记为结果或事故征候/事故的节点），因为，这些东西都只是以不同的方式表现信息的形式。与此同时，一个节点可以承担其他具有可能性的节点，并且在所有的方向上可能和其他节点相连接。因此，本章已经介绍了一个实际的风险评级方法，该方法不同于那些在文献中看到的，而是更类似于一种事故或系统的调查工具。我们没有陈述"终点"然后查看"我们如何到达"，因为，节点只是是否处于活动状态，而兴趣是在哪些节点可能主动相连，从而预防更恶劣的境况或对这种情况给予一定的提示。从理论上来讲，没有"末尾行"，因为它不是一个线性模型，对于英航而言，在第二阶段结束的过程中，意味着在本章研发的网络和从中产生的工作表可以与对方相互连接。这通常发生在几个地方，例如，一个共同的因素、壁垒或结果/潜在的结果，因为所有都是更大系统内的信息节点。这界定了一个真正的非线性系统，并且对调查、特性或风险保持一个自然的方法。随着节点和链接乘以完全整合在一起的各种壁垒，节点以及信息就形成了。不再需要细分"冲出跑道事件"，并将其分配到特定的同类项中。相反，所有的事件只是某些特定节点、因素、信息在这种情况下，通过其与各种壁垒和自己的实力和弱点的相互作用被激活的事件。

通过使用真实的航空安全报告数据对方法进行检验，正在生成的评级的有效性已显示有用而且准确。不过，比复制一个满意水平的评分更进一步，新方法允许在事件评级中具有更大的颗粒度。按照严重度评分 A 到 E 事件的分布（表7.10），我们可以看到，颗粒度为 D 的事件增加了 25 倍，为类型 E 的事件增加了 10 倍。重要的是，因为这些事件级别如上文所述对于安全团队而言是最多的。任何颗粒度的增加允许事件增强独立性，即使在字母表排列的范围内，因此具有更大的机会使用数据来了解安全的系统性情况。使用航空安全报告数据和验证手段良好的效果，意味着历史数据（其中英国航空公司有数以万计的记录）仍然可以应用于此方法，也不丢失数据。这一阶段的积极验证允许每次航空安全报告作为一个整体反馈到得分、链接、节点和模型，以便于不断发展和提高。

此方法允许为整个英国航空公司建立标准的评分系统。标准化的问题不是一个简单的问题，不是一夜之间就会发生的问题。然而，重点是将航空公司作为一个整体进行关注，涵盖事件的运行和职业性元素，其方法最终可以在整个公司被采用。部门和公司响应不同级别的事件，无论最终的评级是什么，可以根据企业的目标和当时事宜的重要性有所不同。部门有能力自己制订要求并添加到该方法中去，这里面涵盖在其专业领域内的特定事件需要进一步调查，尤其是那些标记为具有不断受到攻击的壁垒或经常失效的壁垒。

在阐述本研究的目标时：

- 有人认为，这种方法是建立在坚实的理论基础上的，并且通过文献回顾发现，已经超越了当前的最佳实践。

- 它将取消大量的主观性，这以前是风险评级人员通过事件评分过程中所需的。如果认为这是应该值得调查的，这并不妨碍对涉及的事件进行进一步的深入调查；它只是应对处理大量类似安全事件和强调较小数量新出现的或重大事件的方式。

- 它在全公司标准化了风险评级的应用，同时仍然允许部门像他们需要的那样灵活响应。此标准化还允许将非专家带进小组（或团队外送任务，例如，飞行员使用这种方法本身评分事件），因此，可以解决安全服务团队的任何新成员没有拥有前成员丰富的知识经验这样一个大家关切的问题。

- 它将删除限制当前数据效用的发生率偏差，同时利用全公司安全指标提高数据对董事会的沟通性。发生率仍然是这种方法存在的一个内在组成部分，因为发生的每种类型的事件保留了具体的细节。然而，删除的是对数偏移的影响，即，矩阵使用期间，发生率对于"小"事件的影响。除此之外，英航将得益于跟踪次数——突出强调每个壁垒在事件中的重要性，无论是在消极或积极的意义上。

- 基于此点，它基本上将所有知识建立到了事件的路径模型中，它们随着时间的推移被开发和修改。这可以解决突出的知识保留的问题。
- 它在最常见的严重性范围（D和E）内增加了事件的颗粒度，但并不减损更严重事件的重要性。

这一进程将继续自行建立和发展，以便我们进行更多的分析，通路和评级也更全面。网络（及由此开发出的工作表）不是静态的，随着系统的变化以及壁垒/因素和工作人员的知识的增加，它们可以得以更新和操控。

该方法的重要特征并非一定在获得新的严重程度分数方面，而是主观得到这些分数的方式，重点放在潜力方面，以及发生率不要偏移所带来的影响。这个模式，加上朝着真正预测这个模型带来的安全管理的方向前进，使得这个方法具备了真正的能力。

前面的挑战是实施这种新的方法。从运行视角来看，标准事件的一个核心是已拟定和检验了这个项目，现在明智的是从其他领域吸引业务专家，例如，工程、地面运行和乘务人员等。为了拒绝历史数据和业务专家的知识，我们提出了检验。

总结

本章呈现出的模型对于学术界和行业界的合作伙伴而言，在其对未来发展具有巨大的空间。随着更多的调查进入网络模型与那些关联的度量，系统的潜力扩大了。由于这项工作，我们可以集成计算机流程和算法分析，来分析和检验系统内遇到的各种壁垒。这可能提供机会来研究系统内的错误迁移，并且预测对作为一个整体的网络的影响，并且应该提出对壁垒（例如，运行程序和设备）进行更改。

超越这项工作所需的工作是调查和界定风险的一个常值。还有很多研究和开发的范围，例如，建设统一的对风险管理的方法，旨在利用运营商、制造商、监管机构及学术界的经验和专门的知识。要使它们不要那么武断，例如，A 到 E 分类标签的事件和公司对事件的响应，需要进一步建模与识别公司的优先事项。这将涉及基于生命成本（在铁路行业根据事故死亡当量建立的伤害成本）、品牌形象成本等来界定风险基础上的值。

这项不断发展的工作的核心将回到本书的主题，就是需要走向复杂的非线性模型。从风险矩阵所采取的步骤是重要的，尽管还不能够完全是非线性的方法。通过这个小型规模的研究，与航空公司保持合作的机会并牢牢地扎根在行业，为本书添加了不少额外的维度。它实现了真正聚焦在本书模型在未来的潜在应用上，以及一个非线性的方法可以给安全管理所带来的好处上。

这项工作与英国航空公司安全团队的最终目的是，为所有行业应对处理复杂系统和风险的一个共同的方向。以英航为中心的方法和模型，以及在它们身后的知识，将必须与民航伙伴和非航空行业的投入结合起来。充分实现在网络图中的潜力和风险的预测建模，将是下一个巨大的挑战。

第八章 结 论

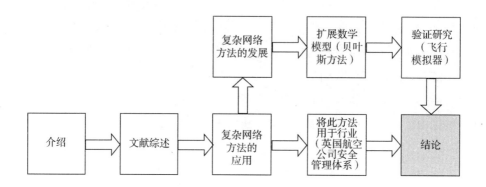

本书的贡献

本书主题概述

本书已经形成了需要复杂模型来充分理解的复杂系统的概念。目前的文献表明，在相当长的时间内，航空事故调查中使用的模型已经被线性链模型所主导，这个问题需要得以解决了。最初，我们认为系统性团队合作的事件分析是迈向最终的动态复杂模型的一个更适用的工具包方法。系统性团队合作的事件分析内发现的根本力量就是信息网络的使用，我们使用一种创新的方式对其进行开发，使其整合自主所有权和信息的传送。这集中化了本书的一个持续性的主题——通信。

信息网络提高了对事件发生的系统的认识。它们也允许整合和研究所有的正面、中性和负面结果事件。然而，事故调查模型内共同关注的是主观性的层面，以及把事件融入方法中的人工拟合。本书对事故调查的一个新的定量方法进行了评估。贝叶斯方法发展了信息网络系统，并解决了如差错迁移的复杂问题。

信息网络在一个行业安全管理体系中的应用，导致了基于信息网络方法的信息的使用。该方法的复杂性不能被低估，在这个模型的综合性元素作为一个模型充分发挥作用之前，它需要时间。然而，此行业设置允许继续检验该新方法的有效性和可用性。

本书已着手改进当前正在使用并作为行业标准的航空事故调查的模型和方法。

本书贡献总结

信息网络作为一种事故调查方法

首先，本书踏上了一个抛弃目前占支配地位的航空事故调查线性模型的新的旅程。真实的世界是一个复杂的系统，这在与一家航空公司合作时在第七章进行了明确的阐述。其次，本书已开发了一个创新性的信息网络，以应用到航空事故之中。然而，比这个更进一步的是，它已经发展了此方法，以整合信息的所有权，从而可以在一个单一的网络内获取更多的细节。

通过这项工作，信息流或沟通的主题一直成为理解系统状态关键方面的核心问题。这种方法不只是洞察事件是"什么"，而且还洞察事件"如何"和"为什么"。

集成贝叶斯数学方法

本书在第五章和第六章提出了一种新的模型，为了提高客观性与开始解决差错迁移和潜在壁垒失效的问题，该模型包含了信息网络和从贝叶斯数学中获取的元素。这种新方法运用历史数据来突出显示常用的节点和路径，从这里，强、弱、未使用的和过度使用的节点都可以被识别出来。此外，贝叶斯数学添加到网络中的额外的维度是对建模和理解差错迁移以及壁垒操控影响的转向。

各种壁垒而不是各种事故的集中化

虽有一些文献涉及了通用航空领域，但它仍是一个基本上未得到深入研究的领域。毫无疑问，通用航空的世界是不同于商业运输的。然而，信息网络的创新使用克服了这么多线性方法的局限性，它们可以应用于通用航空和商业航空运输的环境中。通过理解系统而不是事件的集中化技术，这种新方法可以用于同样理解这两种飞行环境。本书认为，无论这种转移正在发生在哪种层面，信息传递都是理解一个复杂系统和事件基础的关键。这一新方法将各种壁垒作为理解整个系统内网络信息流动的根本，研究消极和积极影响的各种壁垒（或因素），揭示了更多的事件类型，而不再是表面上的内容。

同样的思维方式允许我们通过信息网络建模的方法来解决事故和事故征候。这个创新性的发展取消了事件作为特定类型或级别的分类，相反它关注系统整体，而不论是否有事件发生。

新型安全管理体系

事故征候事件是新方法融入航空公司安全管理体系的基础。事故征候能够很好地填充信息网络，使用它们的关键是识别出潜在的结果以及一个更正面的结果而不是事故的原因。连续的事件流可以被集成到网络模型中，来提供最新的系统安全性的分析。尽管我们不是把这些事件称为"事故征候"，但它也许更合适，并符合书中称它们为"潜在事故"——已被阻止，没有发生成为事故。

本书介绍了第一个并不遵循"风险 = 可能性 × 严重性"的安全管理体系模型。该观点被认为是阻碍了航空公司安全人员有效地进行系统中的风险沟通。相反，通过潜在事故的严重性和各种壁垒被打破的集中化，或保持对这一结果的路径，给组织提供了更真实的风险值。预防事故的积极因素是这一新方法的核心，而且，第一次鼓励风险评级工作人员关注任何实际的事件的可能性及成功的积极特征。

这本书阐述的已经远远超出了简单的学术工作。与传统型航空公司合作，以及甚至是在最初发展的水平上将网络方法融入安全管理体系中，对于本书所阐述的新方法的有用性来说，都是成功的。

本书几个方面的结合

本书的目的在第一章中已经进行了阐述，目的有三个方面。第一，开发和检验一个偏离当前主导的线性模型的新方法。第二，使任何方法或模型适用于通用航空。虽然没有全面的努力去支持或反对最常见的通用原因的假设，但是使用的方法和模型允许把这一论点放到一边，从而将焦点集中在整体的系统上，而不是某一个单一的事件上。第三，通过本书第三章到第七章几个不同方面的研究，这些目标已成为本研究的核心。下面从本书中发展而来的工作实例，旨在展示所有的目标、研究和结论是如何结合在一起发挥作用来提高航空安全方法的。

开发贝叶斯网络预测型的性质

第三章、第四章关注与航空事故调查相关的信息网络验证问题。比这更进一步的是，定量度量方法的潜力得到了识别和检验。第五章把贝叶斯数学水平整合到了信息网络中，并对通用航空场景使用了 MATLab 与贝叶斯工具包。在第六章中，我们针对飞行模拟研究进行了检验，以验证贝叶斯信息网络内历史数据的使用。尽管这可以扩展，但它有潜力在一个类似于第七章英国航空公司所描述和开发的项目种使用。因此，下面探讨的过程类型，具有汇集了所有章节的工作和提供全面定性和定量网络方法预测差错迁移以及安全风险的潜力。我们并不是准备形成适合于本书研究的一部分，但它给出了本项研究未来发展的方向，以及提供了一个平台，表明了各章节、研究和描述的方法之间的关系。

轻微调整第五章（图 8.2）项目代码，开发基于历史数据与节点关系性质的迭代过程是可能的。为了考虑在"重着陆"节点之前通过引入各种壁垒的方式做出的任何变化，代码已被修改。如前所述，这一壁垒的特性只要它被证明是有效的，那么，对于本研究的目的采用了需要口头指令的形式，其性质已经是不重要的。我们预计，此指令减少了节点"重着陆"发生的可能性，因此新的迭代过程预测了网络结果的影响大小：在这种情况下前轮折断。

代码的主要改动是为了完整起见，这里建议回到第五章参考以确定所做的更改。第 36 行和第 37 行告诉本程序从"重着陆"节点删除可能性（通过操控节点前的壁垒），作为历史数据中可能性的比率（图 8.1）。

第 32 行告诉程序逐步增加这一将要接近"冲出跑道"和"其他罕见事件"（因此减少从"重着陆和冲出跑道"收到的节点比率）节点的消除概率。这种方法关注两种差错可能会迁移的不同方式，因此引入了跟踪差错迁移的概率。由于要收集更多的数据和理解更多的关系（因而编入网络），所以差错迁移可能本身需要建模，并调查确切的迁移通道。此外，我们介绍了成本效益分析，因为如果根据每个节点在干预前的可能性差错是同样被拆分或划分的话，通过引入壁垒我们可能会观察到最好的结果。为了在新操控的网络中控制差错迁移和信息流动，这将允许所需的壁垒的概念进一步回到网络中。

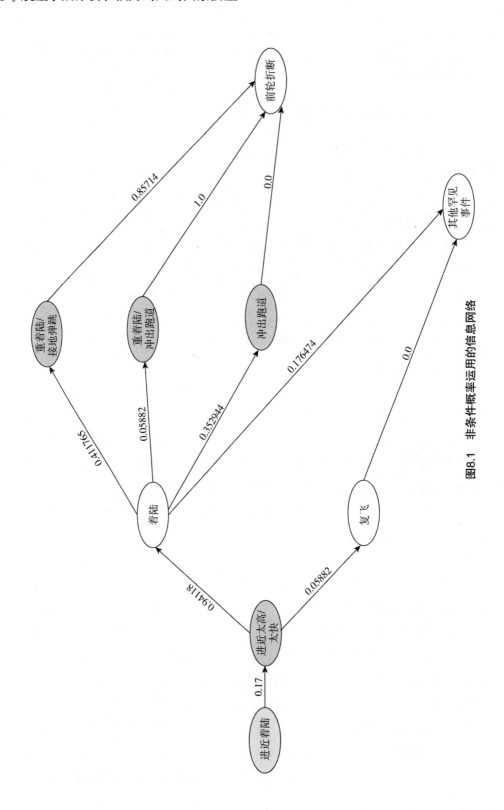

图8.1 非条件概率运用的信息网络

这是一种改进的试图控制结果的方法，因为这种方法在更深的层次发挥作用。

如果一架飞机只是冲出跑道，从使用的数据看由于前轮折断的可能性是零，那么，程序从有限的情况中就可预测最好的结果。第 33 行告诉程序循环改变"重着陆"节点的可能性的过程，从 0 到 1，间隔发生是 0.05。然后，这就给程序列出了操控节点前的所有可能的结果。

```
CountDF = 1;
for ratio = 0:0.05:1   %moves probability mass on to jus overrun and rare-event
    for df = 0:0.05:1   %iterate over probability of heavy landing

diff = 1 - df - DA - DB - DE;
da = DA + (diff*(DA/((DA+DB) +DE)))*(1-ratio);
db = DB + (diff*(DB/((DA+DB) +DE)))+ (diff*(DA/((DA+DB) +DE)))*ratio;
de = DE + diff*(DE/((DA+DB) +DE));

if abs(1-(df+da+db+de))>0.00001
        keyboard
end

noseWheelCollapse.CPD(1) = tabular_CPD(noseWheelCollapse, 1, [1-0.94118  0.94118]);
noseWheelCollapse.CPD(2) = tabular_CPD(noseWheelCollapse, 2, [1 1-da 0 da]);
noseWheelCollapse.CPD(3) = tabular_CPD(noseWheelCollapse, 3, [1 1-db 0 db]);
noseWheelCollapse.CPD(4) = tabular_CPD(noseWheelCollapse, 4, [1 1-de 0 de]);
noseWheelCollapse.CPD(5) = tabular_CPD(noseWheelCollapse, 5, [1 1-df 0 df]);
noseWheelCollapse.CPD(6) = tabular_CPD(noseWheelCollapse, 6, [1 1 1 0 0 0 0 1-0.85714 0 0 0 0 0 0 0 0]);

evidence = cell(1,numNodes);
evidence(1) = 2; %evidence that 'Decision to Land' is true

engine = jtree_inf_engine(noseWheelCollapse);
[engine, loglik] = enter_evidence(engine, evidence);

marg = marginal_nodes(engine, 6);
marg.T;

pC(countR,countDF) = marg.T(2);
countDF=countDF+1;
end
countR = countR+1;
countDF = 1;
end

surf(pC);
hold on
```

图 8.2　修改过的 MATLab 代码纳入迭代循环的屏幕抓图

第 67 行执行平面目标测绘图（图 8.3）。通过在重着陆前壁垒（z 轴）消除概率的迭代扩散范围，这一水面目标测绘说明了节点"重着陆"（x 轴）和"前轮折断"（y 轴）概率的变化。

表面是不均匀的，虽然在这个例子中的差异很小。略有失真的扁平扩散（图 8.3 的左边）是由于：反映不同迭代阶段非线性增加概率的轻微变化。黑色圆点（图 8.3 的右边）表示的是实际的航空事故调查局数据和从此网络数据得到的前轮折断的预测。图 8.4 用平面图的两个端点连线来说明目前的细微差别。

在图的左下角 y 轴上更高的线是从"重着陆"节点删除概率（从 0 到 1）

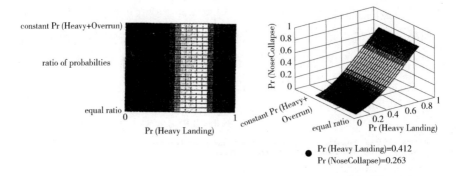

图8.3 贝叶斯迭代的概率

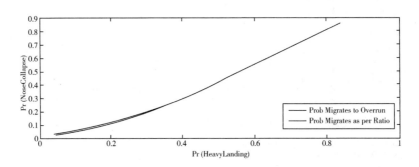

图8.4 说明Pr（前轮折断）迭代过程中轻微减少的折线图

的标准结果，并按历史数据中定义的比率扩散。图的左下角 y 轴下端的线通过增加节点"冲出跑道"和"其他罕见事件"的比例，扩散删除的概率。我们可以看到，第二个过程稍微更有利（可能是由于在冲出跑道后前轮折断概率的性质，在此示例中的数据样本中事件为零），因为图在 y 轴上开始下降，还有红线在 y 轴上比蓝色提前停止了。

这些图的主要潜力在于如果可以控制概率（差错）迁移的方向［这参考回到网络中的节点，突出表明重要性（或相关性）是必要的］，而不是根据正常数据植入的差错迁移，那么，我们就可以为整个系统网络获得最佳的结果，而不是仅仅在系统内的一个事件或节点或壁垒。在没有注意到更广领域的其他影响的情况下，这将删除各种壁垒任何局部的操控。

这种方法的最终目的是突出显示所关切的领域，然后再关注操控一个特定壁垒（在本例中是"重着陆"前节点壁垒）所有可能的结果。我们需要识别出所有可能的概率（或差错）迁移的路径，然后就可以对额外的各种壁垒进行额外的操控，以试图指导和控制这种迁移传播，从而获取在目标测绘板上识别出的最积极的结果。

把这个概念应用到更大、更复杂的网络上，首先它将有可能识别出任何计划改变会影响到的链接（或任何更改记录事件的历史数据中注意到的），而这些改变通过其他方法是不会立即明显显示的。其次，这可以进一步采取措施试图识别出，操控壁垒是否实际上可能会造成不利的影响或对太多的其他地方造成负面影响，而这些负面影响在一个地方的减少不足以保证变化的发生。这克服了在复杂系统内贴膏药式的行业补救办法。对于这种网络模式进行成本效益分析，不需要过多努力。

未来运用

这种创新方式的潜力，作为一种方法不但了解了事故发生的系统，而且当风险清楚时就可能开始控制它。用上述方法的目标测绘板强调了最积极的可能的结果，然后后面的信息网络突出显示了与这样的结果相关联的节点和链接/壁垒。同时，为了获得积极结果的整体改进，我们可以操控这些来加强负面节点前面的壁垒，减少所感知到的积极节点前面的壁垒。从本书可以看出，尽管是基于通用航空领域，这也适用于其他类型的运输业务，比如第七章中所介绍的一家航空公司，通过运用事故征候和事故在一起作为一个数据源，它可以在非线性模型的基础上提供真正的成本效益应用。

然而，这里有一些障碍和可能，这些在未来需要进行大量的改进提升工作。

在网络内对非互斥的事件建模，包括反馈回路和多层网络，这是可能的，但所有这一切都需要更多的数据。建模的目的是达到一个全面的网络，这一网络可以显示一个壁垒改变导致的每个可能的结果，然后寻求扩大这种网络的可用性。

进一步的研究是必需的，因此，需要增加所用的数据建设和填充信息网络。填充贝叶斯信息网络所需的条件概率表的数量呈指数增长，包括节点在内的数量，所以这不是一个轻而易举的任务。一般来说，它们的概率和变化通常由业务专家来控制。随着贝叶斯网络的领域继续增长，也有更多的机会利用高级的编程和数学方法帮助信息网络模型。达斯（2004）研究了对数在贝叶斯网络（仅用于失效树中，是当前的标准）中的应用，这项工作有着巨大的潜力。如果有充分填充的可以记录趋势和历史数据（例如，在航空中可用的）的数据库，那么，达斯（2004）认为可以使用批学习的方式。在批学习过程中，条件概率表的形成是先进程序自动实施的，所以这会克服一些在较大规模数据中应用这种方法时存在的规模问题。也可以把系统学习纳入任何大规模的模式中。随着进一步的发展，从事故和事故征候报告项目中所获取的所有数据可以不断更新节点呈现的概率和关系（特鲁克等，2007）。

即使在这个阶段，结果不一定是精确的量化，但是，信息网络允许"相对"的预测，也就是说，在一个点的操控是否很容易造成相关节点或多或少的改变，以及在朝哪个方向发生改变。一旦网络模型显示相互处于作用的关系，而不是完全相互排斥的（可以使用上面的方法用来填充这些网络的数据越多），那么，实施准确和有用的预测的潜力就会更大，这不只是根据节点发生的定量数据来预测，而是根据链接、节点和壁垒之间的关系数据。

对于初步分析前轮折断的场景，从"重着陆"节点中删除的概率，根据历史数据的比例进行了再分配。在理解这是否是一个合适的假设的过程中，进一步的工作还有很多的空间。第六章使用了这些数据，并尝试使用飞行模拟机研究来验证贝叶斯信息网络的潜在用途。

一旦实现了一个全面的网络，这不是此方法发展潜力的结束。利用贝叶斯数学为基础，这一模式的主要优点之一是它合并了定量数据和业务专家的知识。因此，有几种途径可以利用各自的长处，以产生最有效和最全面的网络方法。

为了建立已知的关系，这些关系按照历史数据无法识别出来，专家们可以应用权重到贝叶斯信息网络中，这可以补充第五章中所概述的迭代方法。业务专家也可以开始加权链接（以及本质上这些链接上的壁垒）的强度力量，因此给网络以显示通过弱壁垒链接迁移的知识。最后，业务专家可以按照成本（不管是财务的、生活或对品牌形象和宣传）开始加权壁垒和节点。在现实世界前操控这些网络内的壁垒，可能会引发对于公司或个体或操作者的整体效果有用的信息，并允许做出知情的决定。

目前，该方法通过相对线性的模式进行证明。然而，信息网络方法远非线性的，而且本章讨论的主题范围扩展到了一个完整的信息网络，这将克服初始的限制。我们最终的目的是开发一个更充分反映现实世界事故系统信息空间的3D模型，这一信息空间在当前的模型中通常被歪曲反映。这解决了本书的第一个目的：通过一个非线性的模型来改善替代支配航空安全的线性模型。

利用这些网络的潜力不会止步于通用航空。商业航空拥有异常运行信息的巨大宝库，以及可以填充网络的事故或事故征候，以了解重要信息和沟通问题。我们预计，以这种方式使用概率的信息网络模型，会很好地结合当前航空行业使用的安全管理体系。通过开发网络的能力来洞察壁垒后面实施可能的迁移影响，就有可能为航空系统的未来变化提供成本效益分析。这解决了本书第二个和第三个目的，即，旨在开发一种可以超越通用和商业航空业务的新方法，并充分利用事故征候（或有惊无险的未遂事件）作为类似事故的方法。

今后工作的发展和方向

正如在本书其他地方以及本章中所阐述的，我们仍然还有空间继续努力开发模型和已列明的想法。本书集中于一种全新方式的几个方面，来理解航空事故以及这些事故的组合，虽然整个思维的核心将是继续这项工作的目标。这项工作的最终目的是趋向于建立一个 3 维的多网络方法，以说明和理解事件正在发生的系统。通过本书的工作，这一目标已经近在咫尺，仍有需要识别出今后一些更为复杂的工作。

各章之间存在的协同作用，在每章一开始的路标图中就强调说明了，这也是本书核心思维的关键线索。图 8.5 说明了最终重新整合的各个方面。

我们无法逃避的是航空事故所发生的世界具有的复杂的性质。因此，试图了解和探讨这些事故的方法，按其本身的性质来说就是复杂的。本书使用的许多信息网络可以被链接起来，所以它们彼此堆叠在一起。因此，这些链接将存在两个网络内部（图 8.5 灰色箭头）以及网络之间（图 8.5 白色箭头）。这些链接可能有各种壁垒以及积极的因素与它们（图 8.5 砖砌体中）相关联。由于网络的性质，多个链接可能导致相同的节点，但是通过很多种不同的途径，它们经常受到不同壁垒和因素的影响（一些链接穿境而过，而一些会围绕着特定的壁垒）。此外，每个节点可能有很多链接来自它自身。

本书的工作已经集中影响了系统周围信息流动的各种壁垒。通过集中关注这些壁垒，我们可以克服许多非线性模型的局限性。非常重要的是，通过关注这些壁垒，事件本身变得次要了，而且还避免了分类的问题（或甚至该

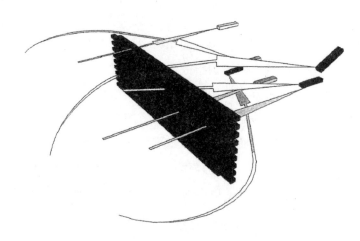

图8.5 信息网络部分和单一壁垒的3D描述

事件是否具有正面或负面不利的结果）。这加强了网络方法的能力来全面理解系统，以及获得事件和未来的积极报告的好处。在这个方法内，我们可以识别出一个单独的壁垒，其和非常不同的前任和继任者节点具有链接。该模型非常明确，对这种壁垒的任何更改可能对于原本没有打算被操控的节点（或甚至网络）存在着深远的影响。一个综合性的网络将从中提取信息，并且通过迭代过程和量化，我们可以做出预测。通过这种方式，我们可以影响各种壁垒全面的、整体的及综合性的分析。只有这样，一个特定的壁垒的重要性和强度才可以被全面理解，才可以采取任何行动修改或加强它。这是一种全面的成本效益分析类型方法的基础。正如贝叶斯数学方法允许一些预测会相互影响节点和各种壁垒一样，这些都是关键性的。

最终，我们可以开发此方法以识别出节点发生（或壁垒失效）的严重性或可能性。随着事件数据不断进入模型以反映当前安全和系统风险的真实状态，节点可以使用颜色编码。通过突出显示信息流动的瓶颈和潜在的失效，网络模型可以提醒安全管理人员即将发生的问题。比这更进一步的是，同样的方法当应用于特定事故、事故征候、积极结果的事件时，可以引出特定的详细信息，有关于信息的流动和系统特定领域的沟通状态。由于具备突出关键信息处理节点，例如，社会经济的地位的能力，这些属性意味着，信息网络模型有潜力可用于系统安全的几乎所有方面。

除了这些未来的发展，本书研究工作的持续目的是：旨在确保非线性模型成功整合到航空公司的安全管理体系中。正如第七章所述，现阶段只是漫长前进脚步中的一步。与行业合作有其优点和局限性，因此，很重要的是对于短时间改进要具有现实性。然而，朝着共同的目标发展具有重要意义，我们和伙伴们将继续合作前行。

结语

一旦开始本书设置的旅程，有一个很大主题有待于很好地去探索和理解。全书侧重中央主题思想和核心目的以及目标需要花费时间和现实感——解决航空事故的问题不会毕其功于一役。不过，我们希望本书至少展示了进一步理解复杂系统作为一个整体以及远离人为的孤立和限制性的做法所需要的激情。毫无疑问，越复杂的方法，就越经常被行业置之不理。全球有一家航空公司（英航）实现了复杂综合方法的发展阶段，而且这家航空公司对于基础模型的热情表明，该行业也是热衷于继续前进去发展新方法、新模型的。

本书代表了这几年对什么可以称为无限目标的努力：航空安全的提升。我们确信，本书已推动了理论和复杂方法的应用不断向前，然而还有很多工作要做。由于这种方法是进一步发展和应用到更多的情况下并跨多个领域，所以，数据采集、自动填充 3 维系统安全模型的真正好处将会进一步增加。

AA	美国航空公司	CUD	沟通使用图
AAIB	航空事故调查局	DSA	分布情况认知
AIRS	飞机事件报告系统	EASA	欧洲航空安全局
ALARP	最低合理可行原则	EAST	系统性团队合作的事件分析
ANOVA	方差分析		
ASR	航空安全报告	EFATO	起飞后引擎故障
ASRS	航空安全报告系统	EGT	排气温度
ATC	空管	EIS	发动机仪表系统
ATSB	澳大利亚运输安全局	EPR	发动机压力比
BA	英国航空公司	ESD	事件序列图
BASIS	英国航空公司安全信息系统	ETTO	效率－周密性权衡
		FDR	飞行数据记录器/记录
CAA	民用航空局	GA	通用航空
CCPS	美国化工过程安全中心	G/A	复飞
CFIT	可控飞行撞地	GEMS	通用差错建模系统
CHIRPS	保密性人的因素事件报告系统	GFI	目标－自由理论
		GPWS	近地警告系统
CIRAS	保密性事件报告和分析系统	HAZOP	危险源与可操作性研究
		HEI	人为差错识别
CPA	关键路径分析	HFACS	人的因素分析与分类系统
CPD	条件概率分布		
CPT	条件概率表	HFR	人的因素报告
CREAM	认知可靠性和误差分析方法	HMI	人－机界面
		HR	人力资源

HRA	人的可靠性评估	PRA	概率风险评估
HTA	分层任务分析	PSA	概率安全评估
HUD	抬头显示（平显）	P – Theo	微扰理论
IATA	国际航空运输协会	QF1	澳航航班1事故案例研究
ICAO	国际民航组织		
IFRB	工业疲劳研究理事会	QRA	定量风险分析
INDICATE	在民用航空运输环境中识别出需要的防护层	QRH	快速参考手册
		RTO	中断起飞
IOSA	国际航空运输协会运行安全审计	SA	情景意识
		SFI	综合飞行教员
IPL	独立的保护层	SHA	系统危险性分析
ISHA	综合的系统危险分析	SHERPA	系统性人为差错减小和预测方法
JAA	联合航空管理局		
LARS	着陆和跑道外等待	SIRO	同时交叉跑道运行
LATCC	伦敦空中交通控制中心	SME	业务专家
LoPA	保护层分析	SMS	安全管理体系
LOSA	航线运行安全审计	SNA	社会网络分析
LSA	潜在语义分析	SOP	标准运行程序
MANOVA	多元方差分析	SRK	技能、规则、知识框架
MES	多线性事件排序	STAMP	站点过渡和激活管理计划
MOR	强制性事件报告		
MORT	管理监督与风险树	STEP	按顺序定时和事件策划
NTSB	国家运输安全委员会	TCAS	交通防撞系统
PFD	需求失败概率 PHA 过程危害分析	THERP	人为差错率预测技术
		WESTT	工作量、差错、情景意识、时间和团队合作。
PPL（A）	私人飞行员执照		

参考文献

Adams, E. 1976. Accident causation and the management system. Professional Safety, (Oct), 26 – 29.

Adelstein, A. M. 1952. Accident proneness A criticism of the concept based on an analysis of shunters' accidents. Journal of the Royal Statistical Society, 115, 354 – 410.

AAIB. 1990. Aircraft Accident Report (EW/C1095), 4/90. Farnborough, UK: Air Accident Investigations Branch.

——2014. Air Accident Investigations Branch website, homepage. [Online.] available at: http://www.aaib.gov.uk/home/index.cfm [accessed 13 October 2014].

Ale, B. J. M. , Bellamy, L. J. , Cooke. R. M. , Goossens, L. H. J. , Hale, A. R. , Kurowicka, D, Roelen, A. L. C. and Smith, E. 2005. Development of a causal model for air transport safety, in Advances in Safety and Reliability, edited by Krzysztof Kotowrocki. London: Taylor and Francis, 37 – 44.

Ale, B. J. M. , Bellamy, L. J. , Van der Boom, R. , Cooper, J. , Cooke, R. M. , Goossens, L. H. J. , Hale, A. R. , Kurowicka, D. , Morales, O. , Roelen, A. L. C. and Spouge, J. 2007. Further development of a causal model for air transport safety(CATS): Building the mathematical heart, in Risk, Reliability and Societal Safety, edited by T. Aven and J. E. Vinnem, London Taylor and Francis, 37 – 44.

Allen, T. J. , 1984. Managing the Flow of Technology: Technology Transfer and the Dissemination of Technological Information Within the Rand Organization. Cambridge, MA: MIT Press.

ATSB. 2001. Investigation Report on the accident of Boeing 747 – 438, VH –

OJH, Bangkok, Thailand, 23 September 1999. Accident Report No. 199904538. Canberra: Australian Transport Safety Bureau. available at: http://www. atsb. gov. au/publications/investigation_reports/1999/aair/aair199904538. aspx [accessed 7 October 2014].

——2007. Human factors analysis of Australian aviation accidents and comparison with the United States. Aviation Research Paper No. B2004/0321 Canberra: Australian Transport Safety Bureau.

Ayeko, M. 2002. Integrated Safety Investigation Methodology (ISIM), in Investigation and Reporting of Incidents and Accidents (IRIA 2002), edited by Chris Johnson. GIST Technical Report G2002 – 2. Glasgow, Scotland: University of Glasgow.

Baber, C. , Stanton, N. A. , Atkinson, J. , McMaster, R. and Houghton, R. J. 2013. Using social network analysis and agent – based modelling to explore information flow using common operational pictures for maritime search and rescue operations. Ergonomics,56(6),889 – 905.

Baybutt, P. 2002. Layers of Protection Analysis for Human Factors (LOPA – HF). Process Safety Progress, 21(2), 119 – 29.

Bayes, T. 1763. An essay towards solving a problem in the doctrine of chances. Philosophical Transactions of the Royal Society, 53, 370 – 418.

Beaty, D. 1995. The Naked Pilot: The Human Factor in Aircraft Accidents. Shrewsbury, UK: Airlife Publishing Ltd.

Bedny, G. and Meister, D. 1999. Theory of activity and situation awareness. International Journal of Cognitive Ergonomics,3(1),63 – 72.

Benner, L. 1975. Accident investigation Multilinear events sequencing methods. Journal of Safety Research, 7(2), 67 – 73.

Bennett, S. A. 2004. The 1st July 2002 mid – air collision over Oberlingen, Germany: A holistic analysis. Risk Management, 6, 31 – 49.

Benta, I. M. 2003. Agna 2. 1 User Manual, Software for Applied Graph and Network analysis (Agna). available at: http://www. geocities. com/imbenta/agna.

Besnard, D. , Greathead, D. and Baxter, G. 2004. When mental models go wrong. Co – occurrences in dynamic, critical systems. International Journal of

Human – Computer Studies, 60: 117 – 28.

Bird, F. E. and Davies, R. J. 1996. Safety and the Bottom Line. Loganville, GA: Institute Publishing.

Bird, F. E. and Germain, M. L. 1966. Damage Control. New York: American Management Association/Insurance Company of North America.

Bird, F. E. and Loftus, R. G. 1976. Loss Control Management. Loganville, GA: Institute Press.

Boeing. 2000. Statistical summary of commercial jet airplane accidents 1959 – 2000 [Online – Boeing Commercial Airplanes group] available at: http://www. skybrary. aero/bookshelf/books/2726. pdf.

Boeing Airplane Safety Engineering 1996. Statistical Summary of Commercial Jet Aircraft Accidents: Worldwide Commercial Jet Fleet 1959 – 1995. Seattle, WA: Boeing Commercial Airplane Group.

Bortkiewicz, L. V. 1898. Das Gesetz der kleinen Zahlen. Leipzig: B. G. Teubner.

Braithwaite, G. R. 2001. Attitude or Latitude?: Australian Aviation Safety. Aldershot: Ashgate.

Brusberg, A. , Solodilova, I. , Hourizi, R. and Johnson, P. (2002). A Framework for Re – examining Accident Reports to Support Interaction Design Processes: Proceedings of the Workshop on Investigation and Reporting of Accidents (IRIA)(GIST Technical Report G2002 – 2 2002), edited by. W. Johnson. Glasgow, Scotland: University of Glasgow.

Busby, J. S. and Hibberd, R. E. 2002. Mutual misconceptions between designers and operators of hazardous systems. Research in Engineering Design, 13 (3), 132.

Carroll, J. M. , Kellogg, W. A. and Rosson, M. B. 1991. The task – artifact cycle, in Designing Interaction: Psychology at the Human – Computer Interface, edited by J. M. Carroll. Cambridge, UK: Cambridge University Press, 74 – 102.

Carvalho, P. V. R. , Vidal, M. C. and Carvalho E. F. 2007. Nuclear power plant communications in normative and actual practice: A field study of control room operators' communications. Human Factors in Ergonomics and Manufacturing, 17

(1), 43 – 78.

Carvalho, P. V. R., Gomes, J. O., Huber, G. J. and Vidal, M. C. 2009. Normal people working in normal organizations with normal equipment: System safety and cognition in a mid – air collision. Applied Ergonomics, 40, 325 – 40.

Center for Chemical Process Safety (CCPS), 2001. Layer of Protection Analysis: Simplified Process Risk Assessment New York, NY: CCPS.

Chappell, S. L. 1994. Using voluntary incident reports for human factors evaluations Aviation Psychology in Practice, edited by N. D. Johnston, N. McDonald and R. Fuller. Aldershot, UK: Avebury Publishers. 149 – 72.

Collins, A. M. and Loftus, E. F. 1975. A spreading – activation theory of semantic processing. Psychological Review, 82(6), 407 – 28.

Connell, L. (1995). Pilot and Controller Communication Issues: Proceedings of the Methods and Metrics of Voice Communication Workshop (Final Report No. DOT/FAA/AM – 96/10), edited by B. G. Kanki and O. V. Prinzo. Washington D. C: Federal Aviation Administration.

Cox, S. J. and Tait, N. R. S. 1991. Reliability, Safety and Risk Management. Oxford: Butterworth – Heinemann.

Cresswell, W. L. and Froggatt, P. 1963. The Causation of Bus Driver Accidents: An Epidemiological Study. London, UK: Oxford University Press.

Dahlstom, N., Dekker, S., Van Winsen, R. and Nyce, J. 2009. Fidelity and validity of simulator training. Theorctical Issues in Ergonomic Science,10(4), 305 – 14.

Das, B. 2004. Generating Conditional Probabilities for Bayesian Networks: Easing the Knowledge Acquisition Problem Research Report DSTO in Journal CoR-RcS. /0411034, Australia.

Davies, J. B., Wright, L., Courtney, E. and Reid, H. 2000. Confidential incident reporting on the UK railways: The 'CIRAS' system. Cognition, Technology and Work,2(3),117 – 25.

Deerwester, S., Dumais, S. T., Furnas, G. W., Landauer, T. K. and Harshman, R. 1990. Indexing by Latent Semantic Analysis. Journal of the American Society for Information Science, 41(6), 391 – 407.

Dekker, S. 2002. The Field Guide to Human Error Investigations. Aldershot, UK: Ashgate.

——2005. Ten Questions about Human Error Mahwah, NJ: Lawrence Erlbaum.

——2006. The Field Guide to Understanding Human Error. Aldershot, UK: Ashgate Publishing.

Dekker, S. and Hollnagel, E. 1999. Coping with Computers in the Cockpit. Aldershot: Ashgate.

EASA. 2003. Document CS – 23,14 November 2003. [Online(with later amendments) – European Aviation Safety Agency.] Available at: https://www. easa. europa. ew/system/files/dfu/decision_ED_2003_14 RM. pdf [accessed 13 October 2014].

Ebbatson, M., Harris, D., Huddlestone, J. and Sears, R. 2010. The relationship between manual handling performance and recent flying experience in air transport pilots. Ergonomics, 53(2), 268 – 77.

Edwards, M. 1981. The design of an accident investigation procedure, Applied Ergonomics, 12, 111 – 15.

Embrey, D. E. 1986. SHERPA: A Systematic Human Error Reduction and Prediction Approach, International Meeting on Advances in Nuclear Power Systems.

FAA. 2000. System Safety Handbook available at: http: //www. faa. gov/regulations_policies/handbooks_manuals/aviation/risk management/ss handbook [accessed 3 October 2014].

Farmer,E. and Chambers,e. g. 1926. Psychological Study of Individual Differences in Accident Rates, 38. London, UK: Industrial Fatigue Research Board. 1929. A Study of Personal Qualities in Accident Proneness and Deficiency, 55. London, UK: Industrial Fatigue Research Board.

Fischhoff, B. 1975. Hindsight does not equal foresight: The effect of outcome knowledge on judgement under uncertainty Journal of Experimental Psychology: Human Performance and Perception, 1, 288 – 99.

GASCo. 2010. Study of Fatal Stall or Spin Accidents to UK Registered Light Aeroplanes 1980 to 2008, GASCo Publications.

Gibson, W. H., Megaw, E. D., Young, M. S. and Lowe, E. 2006. A taxonomy of human communication errors and application to railway track maintenance. Cognition, Technology and Work, 8(1), 1435.

Gorman, J. C., Cooke, N. and Winner, J. L. 2006. Measuring team situation awareness in decentralised command and control environments. Ergonomics, 49, 1312 – 1326.

Green, D. M. and Swets, J. A. 1966. Signal Detection Theory and Psychophysics. New York: Wiley.

Greenwood, Major and Woods, H. M. 1919. A Report on the Incidence of Industrial Accidents Upon Individuals With Special Reference to Multiple Accidents. Medical Research Committee, Industrial Fatigue Research Board. London: HMSO.

Gregoriades, A. and Sutcliffe, A. G. 2006. Automated assistance for Human Factors analysis in complex systems. Ergonomics, 49, 1265.

Griffin, T. G. C., Young, M. S. and Stanton, N. A. 2007. A complex network approach to aviation accident analysis, in Contemporary Ergonomics 2007, edited by P. Bust. Aldershot, UK: Ashgate Publishing.

Griffin, T. G. C., Young, M. S. and Stanton, N. A. 2010. Investigating accident causation through information network modeling. Ergonomics, 53(2), 198 – 210.

Groeneweg, J. and Roggeveen, V. (1998). Tripod: Controlling the Human Error Components in Accidents: Safety and Reliability Proceedings of the ESREL 2003 Conference, 1998, edited by G. K. Hansen, S. Lydersen, and H. Sandtorv. Boca Raton, FL: CRC Press, 809 – 16.

Guastelo, S. J. 1993. Do we really know how well our occupational accident prevention programs work? Safety Science, 16, 445 – 63.

Habberley, J. S., Shaddick, C. A. and Taylor, D. H. 1986. A Behavioural Study of the Collision Avoidance Task in Bridge Watchkeeping. Technical Report. Warsash, UK: College of Maritime Studies.

Haddon, W. 1961. Research with Respect to Fatal Accident Causes: Implications for Vehicle Design. 336A. New York USA: Society of Automotive Engineers.

Harris, D. 2003. The human factors of fully automatic flight. Measurement and Control, 36(6), 184 – 7.

——2006. The influence of human factors on operational efficiency. Aircraft Engineering and Aerospace Technology, 78(1), 20 – 25.

——2007. A human – centred design agenda for the development of single crew operated commercial aircraft. Aircraft Engineering and Aerospace Technology, 79 (5), 518 – 26.

——2008. Cockpit design and cross – cultural issues underlying failures in crew resource management. Aviation, Space, and Environmental Medicine, 79(5), 537 – 8.

——2009. A design and training agenda for the next generation of commercial aircraft flight deck, in Engineering Psychology and Cognitive Ergonomics, edited by D. Harris. New York: Springer Verlag. 529 – 36.

Haworth, N. 2003. How Valid are Motorcycle Safety Data? Proceedings of the Road Safety Research, Education and Policing Conference. Sydney. Australia.

Hartel, C. E., Smith, K. and Prince, C. 1991. Defining Aircrew Coordination: Searching Mishaps for Meaning Proceedings of the Sixth International Symposium on Aviation Psychology, Columbus, Ohio, April 1991.

Heinrich, H. W. 1931. Industrial Accident Prevention, A Scientific Approach. New York: McGraw Hill.

Helm, L. 1996. The future of software may lie in the obscure theories of an 18th century cleric named Thomas Bayes; an interview with Eric Horvitz. Los Angeles Times, 28 October.

Hendrick, K. and Benner, L. 1987. Investigating Accidents with Sequentially Timed and Events Plotting(STEP). New York: Marcel Decker.

Hignett, S. and Wilson, J. R. 2004. The role for qualitative methodology in ergonomics: A case study to explore theoretical issues. Theoretical Issues in Ergonomics Science, 5(6), 473 – 93.

Hollnagel, E. 2004. Barriers and Accident Prevention. Aldershot, UK: Ashgate Publishing.

Hollnagel, E. and Embrey, D. E. 1994. Human Reliability Assessment in Safety Assessments: Addressing Cognitive and Action Errors. Parbold, UK: HRA Ltd.

Hollnagel, E. , Woods, D. d. and Leveson, . 2006. Resilience Engineering: Concepts and Precepts. Farnham, UK: Ashgate.

Horvitz, E. , Ruan, Y. , Gomes, C. , Kautz, H. Selman, B. and Chickering, D. M. 2001. A Bayesian Approach to Tackling Hard Computational Problems: Proceedings of the Seventeenth Conference on Uncertainty in Artificial Intelligence, August 2001.

Houghton, R. J. , Baber, C. , Cowton,, Stanton, N. A. and Walker, G. H. 2008. WESTT (Workload, Error, Situational awareness, Time and Teamwork): An analytical prototyping system for command and control. Cognition, Technology and Work, 10(3), 199 – 207.

IATA. 2009a. IATA website, July 2009 available at: http://www. iata. org [accessed 18 September 2014].

——2009. Safety Management Systems. [Online – International Air Transport authority] available at: https://www. iata. org/whatwedo/safety _ security/safety/ Pages/safety_management_systems. aspx.

ICAO. 2009. Aircraft Accident and Incident Investigation. Annex 6 To the Convention on International Civil Aviation Organization – Operation of Aircraft. [online – 2010 update.] Available at: https://www. google. co. uk/url? sa = t&rct = j&q = &esrc = S&source = web&cd = 5&ved = 0CD4QFjAE&url = http%3A%2F% 2Fwww. bazl. admin. ch% 2Fexperten% 2Fregulation% 2F03080% 2F03081% 2Findex. html1% 3Flang% 3Dde% 26download% 3DNHzLpZeg7t% 2Clnp6I0 NTU04212Z6In1 acy4Zn4Z2qZpnO2Yuq2Z6gpJCDeoB7gmym62epYbg2C _ JjKbNoK-Sn6A – &ei = zWEuVMr2LY6zac2IgLAG&usg = AFQjCNFQUWJuxHWIOe PK8E RwIy282FA1mAw&sig2 = HbZj2jd19mLuLnAcuxfzAA[accessed 18 October 2014].

——2013. Safety Management Manual (SMM), 3rd Edition. [Online International Civil Aviation Organization. available at: http://www. icao. int/safety/Safety Management/Documents/Doc. 9859. 3rd% 20Edition. alltext. en. pdf [accessed 11 October 2014].

Jarvis, S. and Harris, D. 2009. Development of a bespoke human factors taxonomy for gliding accident analysis and its revelations about highly inexperienced UK glider pilots. Ergonomics, 52(8), 1009 – 18.

Johnson, C. W. 1997. The epistemics of accidents. International Journal of Human – Computer Studies. 47, 659 – 88.

——1999. Why human error analysis fails to support systems development. Interacting with Computers, 11(5), 517 – 24.

Johnson, C. W., McCarthy, J. C. and Wright P. C. 1995. Using a formal language to support natural language in accident reports. Ergonomics, 38(6), 1264 – 83.

Johnson, H. M. 1946. The detection and treatment of accident prone drivers. Psychological Bulletin, 43(6), 489 – 532.

Johnson, J. H. 2006. Can complexity help us better understand risk? Risk Management, 8(4), 227.

Johnson, W. G. 1975. MORT: The management oversight and risk tree. Journal of Safety Research, 7(1), 4 – 15.

Johnston, A. N. 1996. Blame, punishment and risk management, in Accident and Design: Contemporary Debates on Risk Management, edited by C. Hood and D. K. C. Jones. London: University College London Press, 72 – 83.

Jordan, M. I. (ed.) 1998. Learning in Graphical Models. Cambridge, MA: MIT Press.

Kerr, C. 1950. Labor markets: Their character and consequences. American Economic Review, 40(2), 278 – 91.

——1957. Wage relationships – the comparative impact of market and power forces, in The Theory of Wage Determination edited by J. T. Dunlop. New York, USA: Norton.

Kirwan, B. 1998. Human error identification techniques for risk assessment of high – risk systems – Part 1: Review and evaluation of techniques. Applied Ergonomics, 29(3), 157 – 77.

Kjellen, U. 1982. An evaluation of safety information systems at six medium – sized and large firms, Journal of Occupational Accidents, 3, 273 – 88.

Kletz, T. 1974. HAZOP and HAZAN – Notes on the Identification and Assessment of Hazards. Rugby, UK: Institute of Chemical Engineers.

Landauer, T. K. and Dumais, S. T. 1997. Solution to Plato's problem: The

Latent Semantic Analysis theory of the acquisition induction, and representation of knowledge. Psychological Review, 104, 211 –40.

Landauer, T. K. , Foltz, P. W. and Laham, D. 1998. Introduction to latent semantic analysis. Discourse Processes, 25, 259 –84.

Latour, B. 1987. Science in Action: How to Follow Scientists and Engineers Through Society. Milton Keynes, UK: Open University Press.

——1991. Technology is society made durable, in Sociology of Monsters: Essays on Power, Technology and Domination, edited by J. Law, London: Routledge, 129.

Learmount, D. 2010. Global airline accident review of 2009 [Online – FlightGlobal, January.] Available at: http://www. fightglobal. com/articles/2010/01/1/336920/global – airline – accident – of – 2009. html.

Lenne, M. G. and Ashby, K. 2006. Characteristics of non – fatal general aviation crashes in Australia: Insights: from insurance data. Human Factors and Aerospace Safety, 6(4), 395 –407.

Lenne, M. G. , Ashby, K. and Fitzharris, M. 2008. Analysis of general aviation crashes in Australia using the Human Factors analysis and classification system, The International Journal of Aviation Psychology, 18(4), 340 –52.

Leveson, N. G. 2002. A New Approach to System Safety Engineering. Unfinished work, Massachusetts Institute of technology. available at: http://sunnyday. mit. edu/book2. html.

——2004. A new accident model for Engineering Safer Systems. Safety Science. 42 ,237 –70.

Li, G. , Baker, S. P. , Grabowski, J. G. and Rebok, G. W. 2001. Factors associated with pilot error in aviation crashes. Aviation Space and Environmental Medicine,72 ,52 –8.

Li, W. C. and Harris, D. 2006. Pilot error and its relationship with higher organizational levels: HFACS analysis of 523 accidents. Aviation, Space and Environmental Medicine, 77, 1056 –61.

Li, W. C. , Harris, D. and Yu, C. S. 2008. Routes to failure: Analysis of 41 civil aviation accidents from the Republic of China using the Human Factors Analysis and Classification System. Accident Analysis and Prevention, 40, 426 – 34.

Li, W. C. , Harris, D. , Hsu, Y. L. and Li, L. W. 2009. The application of Human Error Template (HET) for redesigning standard operational procedures in aviation operations, Engineering Psychology and Cognitive Ergonomics, HCII, edited by Don Harris. Heidelberg, Germany and New York: Springer Verlag, 547 – 53.

LUL. 2001. London Underground Limited Quantified Risk Assessments. Available at: http://www. hse. gov. uk/research/hsl. pdf/2002/hs102 – 06. pdf.

Lucas, D. A. 1990. Wise men learn by others' harm, fools by their own: organisational barriers to learning the lessons from major accidents, in Safety and Reliability in the 90s: Will Past Experience of Prediction Meet Our Needs?, edited by M. H. Walter and. F. Cox. London: Elsevier.

Luxhøj, J. T. 2002. Risk Analysis of Human Performance in Aviation Maintenance. 16th Human Factors in Aviation Maintenance Symposium, April.

Luxhøj, J. T. and Coit, D. W. 2006. Modeling low probability/high consequence events: An aviation safety risk model, Reliability and Maintainability Symposium, 2006, 215 – 221.

Luxhøj, J. T. and Kauffeld, K. 2003. Evaluating the Effect of Technology Insertion into the National Airspace System. [Online: Homepage of Rutgers Scholar]. available at: http://rutgersscholar. rutgers. edu/vo/Luxhoj – kauffeld/Luxhøj – kauffeld. htm [accessed 3 October 2014].

Luxhøj, J. T. , Choopavang, A. and Arendt D. N. 2001. Risk assessment of organizational factors in aviation systems Air Traffic Control Quarterly, 9(3), 135 – 74.

Macrae, C. , Pidgeon, N. and O' Leary, M. 2002. Assessing the Risk of Flight Safety Incident Reports, in Workshop on the Investigation and Reporting of Incidents and Accidents (IRIA 2002) edited by C. W. Johnson. Glasgow, Scotland: University of Glasgow, 99 – 106.

Male, C. 1997. Gaining the safety advantage. Aerospace International, 10, 24 – 5.

Marx, D. A. and Westphal, J. E. 2008. Socio – technical probabilistic risk assessment: Its application to aviation maintenance. The International Journal of

Aviation Psychology, 18(1), 51 - 60.

Mohr, D. L. and Clemmer, D. 1. 1988. Accident prone worker: An example from heavy industry. Accident Analysis and Prevention, 20(2), 123 - 7.

Morris, C. H. and Leung, Y. K. 2006. Pilot mental workload: How well do pilots really perform? Ergonomics, 49(15), 1581 - 96.

Murphy, K. 1998. Brief introduction to graphical models and Bayesian networks. [online.] available at: http:/people. cs. ubc. ca/ ~ murphyk/Bayes/bnintro. html.

NTSB. 1982. Aircraft Accident Report AAR - 82/08. Washington D. C. : National Transportation Safety Board.

——2006. US General Aviation, Calendar Year 2003. Annual Review of Aircraft Accident Data. Report NTSB/ARG - 07/01. Washington D. C. : National Transportation Safety Board.

Norman, D. A. 1990. The 'problem' with automation inappropriate feedback and interaction, not 'over - automation', Philosophical Transactions of the Royal Society of London. Series B: Biological Sciences, 327(1241), 585 - 93.

Ogden, G. C. 1987. Concept, knowledge and thought. Annual Review of Psychology, 38, 203 - 227.

O'Leary, M. 2002. The British Airways human factors reporting programme. Reliability Engineering and System Safety, 75(2), 245 - 55.

O'Leary, M. and Chappell, S. L. 1996. Confidential incident reporting systems create vital awareness of safety problems ICAO Journal, 51(8), 11 - 13.

O'Leary, M. and Pidgeon, N. 1995. Too bad we have to have confidential reporting programmes. Flight Deck, 16, 11 - 16.

O'Leary, M. , Macrae, C. and Pidgeon, N. 2002 Safety Data Collection in British Airways Flight Operations, in Workshop on the Investigation and Reporting of Incidents and Accidents, edited by C. W. Johnson (IRIA 2002). Glasgow, UK: University of Glasgow, 89 - 98.

Orasanu, J. and Connolly, T. 1993. The reinvention of decision making, in Decision Making in Action: Models and Methods, edited by G. A. Klein, J. Orasanu, R. Calderwood and C. Zsambok. Norwood, CT: Ablex, 3 - 20.

Perrow,. 1999 [1984]. Normal Accidents: Living with High – Risk Technologies. New York: Basic Books.

Pidgeon, N. 1997. The limits to safety? Culture, politics, learning and man – made disasters. Journal of Contingencies and Crisis Management, 5(1), 1 – 14.

Pidgeon, N. and O'Leary, M. 1994. Organizational safety culture: Implications for aviation practice. Aviation Psychology in Practice, 21 – 43.

——2000. Man – made disasters: Why technology and organisations (sometimes) fail. Safety Science, 34, 15 – 30. Pierce, J. R. 1980. An Introduction to Information Theory. Symbols, Signals and Noise, Second revised edition. New York: Dover Publications.

Plant, K. L. and Stanton, N. A. 2012. Why did the pilots shut down the wrong engine? Explaining errors in context using Schema Theory and the Perceptual Cycle Model. Safety Science, 50(2), 300 – 315.

Railtrack. 2000. Yellow Book (YB4). Available at http://www. rgsonline. co. uk/Other _ Organisations/Yellow% 20Book/Yellow% 20Book% 20Issue% 204/YB% 20Iss% 204. pdf.

Rasmussen, J. 1988. Interdisciplinary Workshops to Develop a Multi – Disciplinary Research Programme Based on a Holistic System Approach to Safety and Management of Risk in Large – Scale Technological Operations. Washington DC: World Bank.

——1997. Risk management in dynamic society: modelling problem. Safety Science,27(2/3),183 – 213.

Reason, J. 1990. Human Error Cambridge UK: Cambridge University Press.

——1997. Managing the Risks of Organizational Accidents. Farnham, UK: Ashgate. 2000. Human error: Models and management. British Medical Journal, 320,768 – 70.

——2003. Error Management: Achievements and Challenges: Presentation at Royal Aeronautical Conference Mitigating Human Error, London, 15 October.

——2008. The Human Contribution: Unsafe Acts, Accidents and Heroic Recoveries. Farnham, UK: Ashgate.

Revell, K. A. and Stanton, N. A. 2012. Models of models: Filtering and bias rings in depiction of knowledge structures and their implications for design. Ergonomics, 55(9), 1073 – 92.

Rose, A. 2006. Measuring operational safety in aviation. Aircraft Engineering and Aerospace, 78(1),26 – 31.

Rose, A. 2008. Understanding Aviation Risk: Proceedings of the 11th International Conference on Information Fusion June 30 – July 03 2008, 1381 – 7.

Salas, E. , Bowers, C. A. and Rhodenizer, L. 1998 It is not how much you have but how you use it: Toward a rational use of simulation to support aviation training. The International Journal of Aviation Psychology, 8(3), 197 – 208.

Salminen, S. , Saari, J. , Leena, K. and Rasanen T. 1992. Fatal and non – fatal occupational accidents: Identical versus differential causation. Safety Science, 15(2),109 – 18.

Salmon, P. , Stanton, N. A. , Young, M. S. , Harris, D. , Demagalski, J. , Marshall, A. , Waldman, T. and Dekker, S. 2002. Using Existing HEI Techniques to Predict Pilot Error: A Comparison of SHERPA, HAZOP and HEIST: Proceedings of the 2002 British Computer Society Conference on Human – Computer Interaction (BCS – HCI 2002). New York: Springer.

Salmon, P. M. , Stanton, A. , Walker, G. H. , Jenkins, D. P. , Baber, C. and McMaster, R. 2008a. Representing situation awareness in collaborative systems: A case study in the energy distribution domain. Ergonomics,51(3),367 – 84.

Salmon, P. M. , Stanton, N. A. , Walker, G. H. , Jenkins, D. P. and McMaster, R. 2008b. What really is going on? Review of Situation Awareness Models for Individuals and Teams. Theoretical Issues in Ergonomics Science, 9(4), 297 – 323.

Sarter, N. B. and Woods, D. D. 1991. Situation awareness: A critical but ill – defined phenomenon. International Journal of Aviation Psychology, 1, 45 – 57.

Sarter, N. B. , Woods, D. D. and Billings, C. E. 1997. Automation Surprises, in Handbook of Human Factors and Ergonomics, edited by Salvendy. Second edition. New York, NY: Wiley, 1926 43.

Shappell, S. A. and Wiegmann, D. A. 2001. Applying Reason: The human factors analysis and classification system (HFACS), Human Factors and Aerospace

Safety, 1(1),59 – 86.

Shorrock, S. T. and Chung, A. Z. Q. 2010. Mind the Gap: Research and Practice in Ergonomics and Human Factors, in Contemporary Ergonomics and Human Factors 2010, edited by M. Anderson. UK: Taylor and Francis Group.

Shorrock, S. T. and Kirwan, B. 2002. Development and application of a human error identification tool for air traffic control, Applied Ergonomics, 33, 319 – 36.

Stanton, N. A. 2014. Representing distributed cognition in complex systems: How a submarine returns to periscope depth. Ergonomics, 57(3), 403 – 18.

Stanton, N. A., Harris, D., Salmon, P. M., Demagalski, J. M., Marshall, A., Young M. S., Dekker, S. W. A. and Waldmann, T. 2006. Predicting design induced pilot error using HET (human error template) – A new formal human error identification method for flight decks. Aeronautical,110(1104),107 – 15.

Stanton, N. A. Salmon, P. M., Harris, D., Marshall, A., Demagalski, J., Young, M. S., Waldmann, T. and Dekker, S. W. A. 2009. Predicting pilot error: Testing a new methodology and a multi – methods and analysts approach. Applied Ergonomics, 40(3), 464 – 71.

Stanton, N. A., Salmon, P. M., Walker, G. H. Baber, C. and Jenkins, D. P. 2005. Human Factors Methods: A Practical Guide for Engineering and Design. First Edition. Aldershot: Ashgate Publishing.

Stanton, N. A., Salmon, P. M., Walker, G. H., Baber, C. and Jenkins, D. P. 2008. Modelling Command and Control. Aldershot, UK: Ashgate Publishing Ltd.

Stanton, N. A., Salmon, P. M., Walker, G. H. and Jenkins, D. P. 2009. Genotype and phenotype schema and their role in distributed situation awareness in collaborative systems. Theoretical Issues in Ergonomics Science, 10(1), 43 – 68.

Stanton, N. A., Stewart, R., Harris, D., Houghton R. J., Baber, C., McMaster, R., Salmon,., Hoyle, G., Walker,., Young, M. S., Linsell, M., Dymott, and Green, D. 2006b. Distributed situation awareness in dynamic systems: theoretical development and application of an ergonomics methodology. Ergonomics, 49(12 – 13),1288 – 1311.

Swain , A. D. and Guttmann, h. e. 1983. Handbook of Human Reliability

Analysis with Emphasis on Nuclear Power Plant Applications. Nureg/CR – 1278. Washington D. C. : United States Nuclear Regulatory Commission.

Thomas, D. 1994. Prescribed Fire Safety: Preventing Accidents and Disasters, Part II. Marana, AZ: National Advanced Resource Technology Center.

Trucco, P. , Cagno, E. , Ruggeri, F. and Grande, O. 2007. A Bayesian belief network modelling of organisational factors in risk analysis: A case study in maritime transportation. Reliability Engineering and System Safety, 93: 823 – 34.

Turner, B. A. and Pidgeon, N. F. 1997. Man – Made Disasters. Oxford: Butterworth – Heinemann.

US Department of Defense 2005. MIL – STD – 882E Standard Practice for System safety. [online.] available at: www. system – safety. org/Documents/MIL – STD – 882E. pdf [accessed 3 October 2014].

Uttal, B. , 1983. The Corporate Culture Vultures. Fortune Magazine, 17 October.

Van der Schaaf, T. W. 1995. Human Recovery of Errors in Man – Machine Systems: Proceedings of the 66th IFAC/FIP/IFORS/Symposium on Analysis, Design and Evaluation of Man – Machine Systems, 27 – 29 June 1995. Cambridge, MA: MIT Press.

Vaughan, D. 1997. The Challenger Launch Decision. Risky Technology, Culture, and Deviance at NASA. Chicago, IL University of Chicago Press.

Vicente, K. J. and Christoffersen,. 2006. The Walkerton E. Coli outbreak: A test of Rasmussen's Framework for risk management in a dynamic society, Theoretical Issues in Ergonomics Science, 7(2), 93 – 112.

Vincoli, J. W. 1994. Basic Guide to Accident Investigation and Loss Control. New York: John Wiley.

Waldock, W. D. 1992. Measuring Aviation Safety or The More Things Change, The More They Stay the Same, ISASI Forum, March 1992. Sterling, VA: International Society of Air Safety Investigators (ISASI).

Walker, G. H. , Gibson, H. , Stanton, N. A. , Baber, C. , Salmon,. and Green D. 2006. Event Analysis of Systemic Teamwork (EAST): A novel integration of ergonomics methods to analyse C4i activity. Ergonomics, 49, 1345 – 69.

Walker, G. H., Stanton, N. A., Baber, C. Wells, L., Gibson, H., Salmon, P. M. and Jenkins, D. P. 2010. From ethnography to the EAST method: A tractable approach for representing distributed cognition in air traffic control, Ergonomics, 53 (2), 184 – 97.

Waller, A. 2005. Enhanced Layer of Protection Analysis (LOPA) Method, Paper for presentation at the AIChE Spring National Meeting, Atlanta, Georgia, April 11 – 13.

Weaver, D. 1971. Symptoms of operational error, Professional Safety, 104 (2), October, 39 – 42.

Westrum, R. 1992. Cultures with requisite imagination, in Verification and Validation of Complex Systems: Human Factors Issues, edited by J. Wise, D. Hopkin and P. Stager. Berlin: Springer – Verlag, 401 – 16.

Wickens, C. D. and Hollands, J. G. 2000. Engineering Psychology and Human Performance. 3rd Edition. Upper Saddle River, NJ: Prentice – Hall.

Wickens, C., Gordon, S. E. and Liu, Y. 2004. An Introduction to Human Factors Engineering. New York: Longman.

Wiegmann, D. and Shappell,. 2003. Human Error Approach to Aviation Accident Analysis: The Human Factors Analysis and Classification System. Aldershot, UK: Ashgate.

Williams, J. C. 1986. HEART – A Proposed Method for Assessing and Reducing Proceedings of the 9th Advances in Reliability Technology Symposium, ARTS 86, April 1986, University of Bradford.

Wood, S. 2004. Flight Crew Reliance on Automation, CAA Paper 2004/10. London: Civil Aviation Authority.

Woods, D. D. 1984. Some Results on Operator Performance in Emergency Events: Proceedings of the Institute of Chemical Engineering Symposium Series 90, edited by D. Whitfield.

——2003. Creating foresight: How Resilience Engineering Can Transform NASA Approach to Risky Decision Making. Columbus: Ohio State University.

Woods, D. D. and Dekker, S. W. A. 2000. Anticipating the effects of technological change: new era of dynamics for Human Factors. Theoretical Issues in

Ergonomic Science, 1(3), 272 –82.

Woods, D. D. , Johannesen, L. , Cook, R. I. and Sarter, N. B. 1994. Behind Human Error: Cognitive Systems, Computers and Hindsight. Dayton, OH: Wright Patterson Air Force Base, Ergonomics, Information and Analysis Center.

Wright, L. and Van der Schaaf, T. W. 2004. Accident versus near – miss causation: A critical review of the literature, and empirical test in the UK railway domain and their implications for other sectors, Journal of Hazardous Materials, 111 (Special Issue), 105 – 10.

Young, M. S. , Shorrock, S. T. , Faulkner, J. P. E. and Braithwaite, G. R. 2004. Who moved my (Swiss) cheese? The (r)evolution of Human Factors in transport safety investigation, Human Factors in Investigation, 28(3),10 – 13.

图书在版编目（CIP）数据

航空事故分析和预防的人的因素模型 /（英）托马斯·格里芬等著；倪海云等译.
—北京：中国工人出版社，2020.2
ISBN 978-7-5008-7348-8

Ⅰ.①航… Ⅱ.①托… ②倪… Ⅲ.①航空安全—人为因素—研究 Ⅳ.①V328

中国版本图书馆CIP数据核字（2020）第031192号

著作权合同登记号：京权图字01-2017-7095

航空事故分析和预防的人的因素模型

出 版 人	王娇萍	
责任编辑	时秀晶	
责任印制	栾征宇	
出版发行	中国工人出版社	
地　　址	北京市东城区鼓楼外大街45号　邮编：100120	
网　　址	http://www.wp-china.com	
电　　话	（010）62005043（总编室）　（010）62005039（印制管理中心）	
	（010）62382916（职工教育分社）	
发行热线	（010）62005996　（010）82075964（传真）	
经　　销	各地书店	
印　　刷	北京市密东印刷有限公司	
开　　本	710毫米×1000毫米　1/16	
印　　张	14.25	
字　　数	270千字	
版　　次	2020年4月第1版　2020年4月第1次印刷	
定　　价	43.00元	